会动的美味

看视频
学做孕产妇营养餐

甘智荣 主编

 山东电子音像出版社

图书在版编目（ＣＩＰ）数据

看视频学做孕产妇营养餐 / 甘智荣主编 . -- 济南：
山东电子音像出版社，2015.4
（会动的美味）
ISBN 978-7-83012-026-9

Ⅰ．①看… Ⅱ．①甘… Ⅲ．①孕妇－妇幼保健－食谱
②产妇－妇幼保健－食谱 Ⅳ．① TS972.164

中国版本图书馆 CIP 数据核字（2015）第 059838 号

出 版 人：贾广胜
责任编辑：周 艳 郭冠群
装帧设计：伍 丽

书 名：看视频学做孕产妇营养餐
主管部门：山东出版传媒股份有限公司
出版发行：山东电子音像出版社
（济南市市中区英雄山路189号）
电 话：（0531）82098387 传真：（0531）82098384
网 址：www.sddzyx.com
邮 编：250002
经 销：各地新华书店
印 刷：深圳市彩美印刷有限公司
（地址：深圳市龙岗区坂田街道办光雅园村彩美印刷大厦）
规 格：720mm×1016mm
开 本：1/16
印 张：15
字 数：220千
版 次：2015年6月第1版
印 次：2015年6月第1次印刷
书 号：ISBN 978-7-83012-026-9
定 价：29.80元
（如有印装质量问题，请与印刷厂联系调换）
（电话：0755-88833688）

CONTENTS 目录

Part 1 孕妈妈各阶段饮食指南

Part

2 备孕期营养餐

3 孕早期营养餐

4 孕中期营养餐

Part 5 孕晚期营养餐

Part 2
6 月子期营养餐

孕妈妈各阶段
饮食指南

孕产期如何进行饮食调理，如何保证胎儿健康发育所需的充足营养，如何缓解孕期不适感，产后如何通过食疗尽快恢复，都是各位孕妈妈必须掌握的知识。除此之外，备孕期的饮食调理对胎儿发育及孕妈妈的怀孕情况也是至关重要的。因此，本章以孕产妈妈的营养需求为根本，全面解析孕产妈妈各个时期所需的营养素和饮食指导，让孕产妈妈健康快乐地完成孕产之旅。

备孕期的饮食指南

在备孕期间，准爸妈们要从饮食和生活习惯上进行调整。恰当的孕前准备不仅能让孩子决胜在起跑线上，还能增加怀上健康宝宝的机率。

备孕妈妈需重点补充的营养素

叶酸：叶酸是一种水溶性B族维生素，其最重要的功能就是制造红细胞和白细胞，增强免疫力。另外，血红蛋白、红细胞的构成，氨基酸的代谢以及大脑中长链脂肪酸的代谢都离不开叶酸。叶酸可以预防宝宝神经管畸形，备孕妈妈严重缺乏叶酸时不但会让孕妈妈患上巨幼红细胞性贫血，还可能会让孕妈妈生下无脑儿、脊柱裂儿、脑积水儿等。孕前3个月就应该开始补充叶酸了，建议备孕妈妈每日摄入0.4毫克叶酸。

锌：锌是一些酶的组成要素，参与人体多种酶的活动，参与核酸和蛋白质的合成，能提高人体的免疫功能，对生殖功能也有着重要影响。孕妈妈缺锌不仅会导致胎儿发育不良，且对孕妈妈自身来说，缺锌一方面会降低自身免疫力，另一方面还会造成孕妈妈味觉退化、食欲大减、妊娠反应加重，导致影响胎儿发育所需的营养。建议备孕女性和孕妈妈每日摄入11~16毫克的锌。

铁：在备孕期间补充铁是很重要的，补铁可以预防备孕妈妈贫血，改善血液循环。铁缺乏会影响细胞免疫力和机体系统功能，降低机体的抵抗力，使感染率增高。孕期缺铁性贫血会导致孕妈妈出现心慌气短、头晕、乏力，也会导致胎儿宫内缺氧，生长发育迟缓，出生后出现智力发育障碍。备孕女性及孕妈妈每日应该至少摄入18毫克的铁。

钙：钙可有效维护骨骼和牙齿的健康，维持心脏、肾脏功能和血管健康，有效控制孕妈妈在孕期所患炎症和水肿。如果备孕女性和孕妈妈钙缺乏，就会对各种刺激变得敏感，情绪容易激动，烦躁不安，易患骨质疏松症，而且对胎儿有一定的影响，如智力发育不良、新生儿体重过轻等。怀孕前、孕早期建议每日补充800毫克钙。

碘：碘还可以通过合成甲状腺素来调节机体生理代谢，从而促进生长发育，维护中枢神经系统的正常结构。碘缺乏可使甲状腺分泌的甲状腺素减少，降低机体能量代谢，导致异位性甲状腺肿。孕妈妈缺碘可引起胎儿早产、死胎、甲状腺发育不全，并可影响胎儿中枢神经系统发育，引起先天畸形、甲状腺肿大、克汀病、脑功能减退等。建议备孕女性及孕妈妈每日摄入250微克碘。

备孕爸爸需重点补充的营养素

维生素A： 维生素A的化学名为视黄醇，是最早被发现的维生素，也是脂溶性物质维生素，主要存在于海产品尤其是鱼类肝脏中。维生素A具有维持人的正常视力、维护上皮组织健全的功能，可保证皮肤、骨骼、牙齿、毛发的健康生长，还能促进生殖机能的良好发展。备孕爸爸如果缺乏维生素A，其精子的生成和精子活动能力都会受到影响，甚至产生畸形精子，影响生育。建议备孕爸爸每日摄入800微克维生素A。

维生素C： 维生素C又叫L-抗坏血酸，是一种水溶性维生素。可以促进伤口愈合，增强机体抗病能力，对维护牙齿、骨骼、血管、肌肉的正常功能有重要作用。同时，维生素C还可以促进铁的吸收，改善贫血，提高免疫力，对抗应激等。维生素C和抗氧化剂能减少精子受损的危险，提高精子的运动活性。建议备孕爸爸每日摄入100毫克维生素C。

维生素E： 维生素E又被称为生育酚，是一种很强的抗氧化剂，具有改善血液循环、保护视力、提高人体免疫力、抗不孕等功效。维生素E能促进性激素分泌，增强男性精子的活力，提高精子的数量。维生素E是一种很重要的血管扩张剂和抗凝血剂，在食用油、水果、蔬菜及粮食中均存在。

硒： 硒元素是人体必需的微量矿物质营养素，而机体所需的硒元素应该从饮食中得到，它可以提高精子的活动能力，促进受精等生殖活动。备孕爸爸体内缺乏硒会导致睾丸发育和功能受损，性欲减退，精液质量差，影响生育质量，因此，备孕爸爸要注意补硒。建议备孕爸爸每日摄入50微克硒。

镁： 镁是一种参与生物体正常生命活动及新陈代谢过程必不可少的元素，能够提高精子的活力，所以在补锌的同时还要注意补充镁，以达到"双管齐下"的目的。建议备孕爸爸每日摄入350毫克镁。

锌： 锌元素参与精子的整个生成、成熟的过程，不仅是备孕爸爸合成激素时的必需元素，更是前列腺液中不可或缺的组成部分。锌可以调节免疫系统的功能，改善备孕爸爸精子的活动能力。锌缺乏可能会导致睾丸萎缩，精子数量减少，质量差，使生殖功能降低或不育。另外，缺锌会导致味觉及食欲减退，减少营养物质的摄入，影响身体健康。建议备孕爸爸每日摄入约2毫克锌。含锌丰富的食物有肉类、豆类、茶叶、小米、萝卜、牡蛎、干酪、花生酱等。

孕前饮食有禁忌，这些饮食误区要小心规避

准爸爸、准妈妈们在备孕期要注意饮食禁忌，规避一些饮食误区。

①孕前备孕时，最好少在外就餐

外面餐厅的食物往往含有太多的脂肪和糖，而维生素和矿物质不足，盐、食用油和味精也常使用过多。准爸爸、准妈妈们常在外就餐会导致各种营养比例失衡，引起身体的不适，同时对怀孕也不利。所以，从准备怀孕开始，备孕爸妈就应该尽量减少出外就餐的次数，多在家烹制营养丰富的饭菜。

②孕前应忌吃油炸类食物

油炸类的食物不仅不利于消化，而且还会导致准爸爸的精子数量变少，质量下降。适当吃些清淡、易消化的食物，如馒头、花卷、面条、面包等，可以保护准妈妈的肠胃健康，为顺利怀孕做准备。

③孕前应忌吃辛辣刺激的食品

辣椒、胡椒、花椒等调味品刺激性较大，过多食用可能会引起上火、便秘等症状，所以，备孕期的准爸爸、准妈妈们要尽量不吃这些辛辣刺激的食物，以免出现消化功能障碍，影响备孕计划。

④孕前应忌食"杀精"的食物

备孕期的准爸爸要忌食"杀精"的食物，如下面这些食物。

烧烤：烧烤离不开油，而烧烤中使用的地沟油、转基因油都会让男性的精子减少，活力下降，所以，备孕期的准爸爸要忌食烧烤。

大豆制品：有研究表明，过量食用大豆制品会使男性的精子质量明显下降，原因是大豆制品中含有丰富的异黄酮类植物雌激素，摄入过多会影响男性体内的雄激素水平，导致精子质量下降。所以，备孕期的准爸爸不能过量食用大豆制品。

奶茶：市面上的珍珠奶茶多是用奶精、香精、色素、木薯粉和自来水制成，奶精的主要成分是氢化植物油，对精子的活跃性有很大的伤害。

⑤孕前应忌食含有咖啡因的食物

常喝含咖啡因的饮料，如咖啡、可可、茶叶、巧克力和可乐型饮料等，对备孕期的准爸爸和准妈妈有不利影响，要尽量避免。

孕早期（1～3个月）的饮食指南

孕早期胎儿的心脏、血管系统最敏感，很容易受到损害，因此孕妈妈要注意自己的饮食起居，避免剧烈运动，帮助宝宝安然度过这个敏感期。

孕早期需重点补充的营养素

叶酸：叶酸是蛋白质和核酸合成的必需因子。另外，血红蛋白、红细胞的构成，氨基酸的代谢以及大脑中长链脂肪酸的代谢都离不开叶酸。孕早期补充叶酸可以有效预防先天性畸形。叶酸广泛存在于绿色蔬菜中，如莴笋、菠菜、油菜、胡萝卜、蘑菇、西红柿等。另外，水果、肉类和其他食物中也含有叶酸，如猕猴桃、柠檬、樱桃、草莓、鸡肉、猪肝、牛肉、核桃、板栗、腰果、杏仁等。

蛋白质：蛋白质是人体每一个组织都不可缺少的物质，大脑、血液、肌肉、骨骼、毛发、皮肤、内脏等各个部位的形成都离不开蛋白质。如果孕妈妈缺乏蛋白质，胎儿会发育迟缓、体重过轻。富含蛋白质的食物主要有肉类，如牛肉、羊肉、猪肉等。蔬菜、水果和干果、谷物中也含有蛋白质，如无花果、樱桃、芝麻、核桃、杏仁、黄豆、黑豆等。

锌：锌参与人体内的多种酶的活动，参与核酸和蛋白质的合成，能提高免疫力，还能促进生长发育，改善味觉。孕妈妈在孕期需要摄入足够的锌，否则宝宝出生后会出现味觉差、厌食等现象。富含锌的食物有白萝卜、胡萝卜、南瓜、茄子、白菜等。

碘：碘是人体甲状腺激素的主要构成成分。甲状腺激素可以促进生长发育，影响大脑皮质和交感神经的兴奋。如果孕妈妈摄入碘不足，可造成胎儿甲状腺激素缺乏，导致宝宝出生后甲状腺功能低下。富含碘的食物主要有海产品，如海带、海蜇、紫菜、龙虾、海鱼等。

镁：镁可以修复受损细胞，能够促进人体内钙的吸收，使得骨骼和牙齿更加坚固，还能够降低胆固醇含量，促进胎儿的脑部发育。如果孕妈妈体内的镁含量过低，会容易引发子宫收缩，造成早产。富含镁的食物有紫菜、胡萝卜、菠菜、荠菜、黑豆、花生、蛋黄、牛奶等。

钙： 钙可以有效降低孕妈妈的收缩压和舒张压，保证大脑正常工作，还能维护骨骼和牙齿健康，维护心脏、肾脏功能和血管健康，有效控制孕期水肿。严重缺钙时，孕妈妈容易腿抽筋，甚至引发骨软化症。富含钙的食物主要有芹菜、油菜、胡萝卜、黑木耳、黄豆、芝麻、花生等。

维生素A： 维生素A对于视力、上皮组织及骨骼发育、精子生成和胎儿发育都是必需的。孕妈妈在妊娠期间的不同时期维生素A水平会有所升降，所以要适当补充。富含维生素A的蔬菜有大白菜、马齿苋、荠菜、西红柿等；富含维生素A的水果主要有苹果、梨、枇杷、樱桃、香蕉、荔枝、西瓜、甜瓜等；另外，猪肉、鸡蛋、绿豆、核桃仁、大米中也有维生素A。

维生素E： 维生素E是一种很强的抗氧化剂，可以改善血液循环，提高免疫力，还能延缓衰老，预防癌症和心脑血管疾病。维生素E在粮食、水果、蔬菜中普遍存在，如白菜、菠菜、甘蓝、红薯、山药、卷心菜、苹果、猕猴桃、香蕉、瘦肉、核桃、芝麻等。

维生素B_6： 维生素B_6主要参与蛋白质的代谢。人体所摄取的蛋白质越多，对维生素B_6的需求量就越大。富含维生素B_6的食物主要有胡萝卜、土豆、卷心菜、红薯、香蕉、哈密瓜、枇杷、鸡肉、鱼肉、鸡肝、猪肝、豌豆、黄豆、绿豆、花生等。

膳食纤维： 膳食纤维能够促进肠胃蠕动，帮助排便，有效缓解孕妈妈的便秘症状。富含膳食纤维的食物主要有红薯、胡萝卜、芹菜、菠菜、小白菜、空心菜、苹果、燕麦等。

孕早期的饮食指导

孕妈妈在孕早期会出现很多不适症状，尤其是孕吐反应折磨着孕妈妈们。所以，孕妈妈在饮食方面尤其需要注意。

①孕早期饮食宜清淡易消化

孕早期出现孕吐反应，孕妈妈的食物宜清淡易消化。油腻的食物不仅不利于消化，而且还会引起孕妈妈的恶心、呕吐等反应。适当吃些清淡、易消化的食物，如馒头、花卷、面条、面包等，可以保护孕妈妈的肠胃健康，减轻孕吐反应。

②孕早期能量与孕前维持平衡

很多孕妈妈觉得胎儿需要很多营养和能量，所以常常导致能量摄入过量。其实，孕早期与孕前能量维持平衡最好。孕早期由于基础代谢增加不明显，胚胎发育缓慢，孕妈妈不必摄入过多的能量，否则反而会加重身体负担。

③孕早期没有食欲也要尽量吃

孕早期的时候孕妈妈会出现早孕反应，没有食欲，看见食物不想吃，看到油腻的食物还会恶心。但是，为了孕妈妈和胎儿的营养，没有食欲也要尽量吃，也可以适量多吃一些水果，如柑橘、菠萝、猕猴桃和香蕉等。

④孕早期宜多食鱼

鱼营养丰富，含有蛋白质、不饱和脂肪酸、多种维生素和微量元素等成分，对身体虚弱以及病后需要调养的人是非常好的滋补食物。所以，孕妈妈适量多吃鱼是非常有好处的，如鲫鱼、鲤鱼等都有很好的滋补功效。但是需要注意的是，孕妈妈吃鱼不能过量，也不要吃汞含量高的鲨鱼、鲭鱼王、旗鱼以及方头鱼。另外，化工厂附近的鱼和养在稻田里的鱼由于化学污染和农药污染，也不适合孕妈妈食用。

⑤孕早期不能全吃素食

由于各种原因，有一些孕妈妈平时以素食为主，怀孕后加上妊娠反应就更不想吃荤，结果就成了全素饮食。孕妈妈全素饮食是不科学的，主要会导致牛磺酸的缺乏。如果孕妈妈体内缺乏牛磺酸，可能会导致胎儿出生后患视网膜退化症，甚至还会导致失明。习惯吃素食的孕妈妈可以多摄取奶制品和豆制品以及鸡蛋、谷物、坚果等食物。

⑥孕早期一定要吃早餐

很多孕妈妈没有吃早餐的习惯，这对孕妈妈和胎儿都是有很大影响的。经过一整晚的消耗，孕妈妈和胎儿都需要一顿丰盛的早餐来补充营养，如果不吃可能会出现低血糖等症状，影响宝宝的生长发育。孕妈妈每天要坚持少吃多餐，而且饮食要有规律，这也是一种胎教，能培养宝宝以后的饮食习惯。

⑦孕早期可常备健康小零食

孕早期的孕妈妈可以放一些健康小零食在身边，以随时补充营养。适合孕妈妈食用的健康小零食包括核桃、花生、杏仁、榛子等干果，它们含有蛋白质、磷脂、不饱和脂肪酸和矿物质等，有利于胎儿的大脑发育。

⑧忌易引起流产的食物

某些食物具有一定的堕胎作用，如螃蟹、甲鱼；有些食物会引起子宫兴奋和收缩，如薏米、马齿苋、山楂；此外，研究证实，食用芦荟或饮用芦荟汁可引起孕妇阴道出血，导致流产。

孕中期（4~7月）的饮食指南

随着早孕反应的消失，很多孕妇的食量明显增加，但在增加食量的同时也要注意合理摄取均衡的营养。

孕中期需重点补充的营养素

DHA：DHA是多价不饱和脂肪酸，为胎儿脑神经细胞发育所必需，和胆碱、磷脂一样，都是构成大脑皮质神经膜的重要物质，能维护大脑细胞膜的完整性，促进大脑发育，提高记忆力。

蛋白质：蛋白质可以保证胎儿、胎盘、子宫、乳房的发育，还能满足母体血液容积量增加所需的营养。适当补充蛋白质，还能防治贫血，对胎儿和孕妇都有很好的作用。

脂肪：孕妈妈需要在孕期为胎宝宝的发育储备足够的脂肪，如果缺乏脂肪，孕妈妈就可能会发生脂溶性维生素缺乏症，引起肝脏、神经等多种疾病。

水分：在整个孕期，孕妈妈每天都会通过尿液、皮肤蒸发、呼吸、粪便排出大量水分。如果缺水，就可能会导致体内的代谢失调，甚至代谢紊乱，因而引起疾病，不利于宝宝的健康。

铁：铁是制造血红素和肌血球素的主要物质，是促进B族维生素代谢的必要物质。孕妇身体里的血液量会比平时增加将近50%，需要补铁以制造更多的血红蛋白，特别是在孕中期和孕晚期。

钙：钙是构成骨骼、牙齿的主要成分。孕妈妈适当补钙能帮助血液凝结，活化体内某些酶，还能维持神经传导，调节心率，促进铁代谢。

维生素A：缺乏维生素A容易导致流产、胚胎发育不良和生长缓慢，因为维生素A能促进机体的生长以及骨骼发育，而且是促进脑发育的重要物质，对胎宝宝的成长有重要作用。

B族维生素：B族维生素是孕妈妈在孕期所必需的营养素，只有足够的供给才能满足机体的需要。孕期妈妈如果缺乏B族维生素，就会导致胎宝宝出现精神障碍，出生后易有哭闹、烦躁不安等症状。

维生素D：维生素D是类固醇的衍生物，具有抗佝偻病作用，被称之为"抗佝偻病维生素"。维生素D可增加钙和磷在肠内的吸收，是调节钙和磷的正常

代谢所必需的物质，对骨、齿的形成极为重要。

碳水化合物：碳水化合物的作用是维持孕妈妈的血糖平衡。作为宝宝能量的主要来源，碳水化合物也是宝宝新陈代谢的主要营养素，所以孕妈妈在孕期需要保证摄入足够的碳水化合物。

卵磷脂：人体脑细胞约有150亿个，其中70%早在母体中就已经形成。胎儿在成长发育过程中，补充足够的卵磷脂可以促进神经系统与脑容积的增长、发育。

孕中期的饮食指导

随着早孕反应的消失，很多孕妇的食量明显增加，但在增加食量的同时也要注意合理摄取均衡的营养。

①孕中期饮食宜多喝粥

由于孕中期子宫逐渐增大，常会压迫胃部，使餐后出现饱胀感，因此每日的膳食可分4~5次，但每次食量要适当，而且饮食应清淡、入口好消化的食物，这个时期的孕妈妈可以多喝不同种类的粥，既补充身体所需的营养，又不会造成胃部压力。

②孕中期可多食用含膳食纤维的食物

缺乏膳食纤维，会使孕妈妈发生便秘，且不利于肠道排出食物中的油脂，间接使身体吸收过多热量，使孕妈妈超重，容易引发妊娠期糖尿病和妊娠期高血压疾病，所以孕妈妈应多食含膳食纤维的食物。

③孕中期可多吃些坚果补充脂肪酸

必需脂肪酸是细胞膜及中枢神经系统髓鞘化的物质基础，孕中期胎儿机体和大脑发育速度加快，对脂质及必需脂肪酸的需要增加，必须及时补充。孕妈妈应适当多吃些花生仁、核桃、芝麻等含必需脂肪酸含量较高的坚果。

④孕中期可多吃防止妊娠斑的食物

妊娠斑为妊娠性"胎斑"，也叫黄褐斑、蝴蝶斑或色素沉着。这是因为怀孕所引起的，因为怀孕时内分泌的改变，绝大多数妊娠妇女的乳头、乳晕、腹正中线及阴部皮肤着

色加深，深浅的程度因人而异，原有的黑痣颜色也多加深。这时孕妈妈可多吃些防止妊娠斑的食物，如红糖、大枣、柠檬、核桃、西红柿、土豆、瘦肉、鲜奶等。

⑤孕中期可食用能解郁的食物

孕妇怀孕后很容易莫名地生气，生气之后，便会感到身体不舒适，胸闷腹胀，吃不下饭，睡不好觉，这时孕妈妈除了要保持乐观情绪，还能多吃些解郁顺气的食物，如莲藕、萝卜、山楂、玫瑰花、茴香等。

⑥保证足够的热量供应

孕中期，孕妈妈的基础代谢加速，糖利用增加，每日热能需要量比孕前约增加200千卡。热能的具体增加要根据劳动强度和活动量大小做出判断。孕中期体重的增加应控制在每周0.3~0.5千克。热能摄入过多，胎宝宝体重太大，容易导致难产。随着热能需要量增加，与能量代谢有关的维生素B_1、维生素B_2的需要量也应增加。

⑦孕中期饮食营养不可过剩

怀孕期间，为了母亲和胎儿的身体健康，良好的营养是必不可少的，但凡事物极必反，孕期摄入过多的营养不但对母子健康不利，甚至还有害。孕妈妈过多摄入主食，使热量超标，会导致母亲过胖、胎儿过大。母亲过胖可能引起孕期血糖过高、妊高症，胎儿过大可导致难产，胎儿体重越重，难产发生率越高。

⑧不要进食容易产气的食物

孕妈妈如果有较严重的胃酸反流情况，则应避免吃甜腻的食品，应以清淡饮食为主，可适当吃些苏打饼干、高纤饼干等中和胃酸。由于子宫增大，胃被挤压，容易反胃，要应避免吃易产气的食物，如汽水、豆类及其制品、油炸食物、太甜、太酸的食物等。

孕晚期（7~10个月）的饮食指南

到了孕晚期，妈妈与宝宝见面的日子越来越近了，这时宝宝和准妈妈分别需要什么营养呢？准妈妈在饮食上又有哪些需要注意的事项？本节将一一为您解答。

孕晚期需重点补充的营养素

α-亚麻酸： 从孕8月开始是宝宝大脑发育的关键时期，而α-亚麻酸是构成大脑细胞的重要物质基础，它在人体内可以转化成DHA和EPA，是胎儿的"智慧基石"。如果在孕期没有补充足够的α-亚麻酸，则可能导致胎儿形体瘦小、智力低下、视力不好、反应迟钝、抵抗力弱等。人体自身不能合成α-亚麻酸，必须从食物中获得，如亚麻籽油、深海鱼等。

不饱和脂肪酸： 孕晚期最重要的任务是补充不饱和脂肪酸，此时胎儿正处于大脑神经发育的高峰期，不饱和脂肪酸中的Omega-3和DHA有助于孩子眼睛、大脑、血液和神经系统的发育。孕妇应适当摄入各种鱼类，尤其是海鱼，如鲭鱼、鲑鱼、鲱鱼等；坚果，如葵花籽；绿叶蔬菜；以及从葵花籽、亚麻籽中提取的油或食物。

碳水化合物： 孕8月胎儿的发育特点是开始在肝脏和皮下储存糖原及脂肪，需要消耗大量的能量，所以孕妇需要注意额外补充碳水化合物，以维持身体对热量需求。如果这个阶段孕妇对碳水化合物的摄入不足，可能会造成蛋白质缺乏或者酮症酸中毒。孕妇应增加大米、面粉等主食的摄入量，适当增加粗粮，如小米、玉米、燕麦片等，保证每天进食400克左右的谷类食品。

膳食纤维： 孕晚期，随着宝宝身体逐渐增大，越来越压迫到妈妈的肠道，孕妇很容易发生便秘，甚至引发痔疮。所以孕妇在这个阶段应该多补充一些膳食纤维，促进肠道蠕动，以缓解便秘和痔疮带来的痛苦。可多吃全麦面包、芹菜、胡萝卜、白薯、土豆、豆芽、菜花等各种富含膳食纤维的新鲜蔬菜水果。

维生素B1：孕晚期孕妇如果体内维生素B_1不足，会出现呕吐、倦怠等类似早孕反应的症状，甚至影响生产时子宫的收缩，使产程延长，还有可能导致难产。维生素B_1在体内储存量非常少，一旦饮食中缺乏，体内的维生素B_1就会迅速减少，所以这个阶段的孕妇要每天摄入富含维生素B_1的食物，如小米、玉米等粗粮，以及瓜子、猪肉、蛋类、动物肝脏等。

铁：怀孕时母体内血容量扩张，胎儿和胎盘快速增长，因而使铁需要量猛然增加，很容易出现铁缺乏。重度铁缺乏时甚至会造成缺铁性贫血，严重威胁孕妇和胎儿的健康。在发展中国家，有30%-40%的育龄妇女缺铁。孕晚期所需要的铁量很大，不容易由日常膳食来满足，缺铁的危险性非常高，因此孕产妇还需要额外补充铁剂。

钙：进入孕晚期后，宝宝骨骼的钙化速度骤然加快，这时候胎儿需要大量的钙质，平均每1千克体重每月需要100-150毫克钙，才能保证骨骼的正常钙化。此时孕妇自己也需要一定量的钙来维持生理活动，因此到了孕9月，孕妇一定要把坚持补钙当作重要任务。多吃牛奶、豆制品、虾皮、海带、芝麻、甘蓝菜、胡萝卜、鸡蛋等食物。

蛋白质：孕晚期时，如果孕妇的蛋白质摄入不足，会导致体力下降，胎儿生长变慢，而且孕妇产后常出现身体恢复不良、乳汁稀少等情况，对母子健康都不利。补充蛋白质需注意多摄入优质蛋白质，多食鱼、蛋、奶及豆类制品。同时，动物性蛋白质在人体内吸收利用率高于植物性蛋白质，因此可适当增加膳食中动物性蛋白的比例。

维生素K：维生素K参与人体的凝血作用，在人体内储量不多，缺乏时会引起出血症状。维生素K既可以从食物中摄取，又能在人体肠道内合成，但新生儿出生后1周之内肠道尚无法合成维生素K，故需要从母乳中获得。维生素K存在于西兰花等深色蔬菜中，孕妇产前常吃可预防产后出血，并增加母乳中维生素K的含量。

孕晚期的饮食指导

孕10月，随着胎儿的入盆，孕妈妈要时刻为分娩做好准备。在饮食方面也要十分注意，多吃一些有助于顺产的食物，等待宝宝的诞生。

①孕晚期饮食宜量少、丰富、多样

孕晚期是胎儿迅速生长和增加体重的时期，其大脑、骨骼、血管、肌肉完全形成，各个器官发育成熟，皮肤逐渐坚韧，皮下脂肪增多。在这个阶段如果孕妇营养摄入不合理，尤其是摄入过多，会使胎儿长得太大，分娩时容易难产，对宝宝的健康也不利。所以孕晚期饮食应以量少、丰富、多样为原则，既保质，又控量。要适当控制蛋白质、高脂肪食物的摄入量，一般采取少吃多餐的方式进餐，多吃体积小营养价值高的食物，少吃体积大、营养价值低的食物，如土豆、红薯。

②孕晚期可适当吃些粗粮

孕晚期饮食宜粗细搭配，因为粗粮没有经过精细加工，因此保存了某些细粮中没有的营养，只吃精细粮容易导致某些营养元素吸收不够，如膳食纤维、B族维生素等。吃粗粮还能促进消化，防止孕晚期出现便秘。适合孕妇吃的粗粮有玉米、红薯、荞麦、糙米等。但孕妇进食粗粮并非多多益善，需注意适量，因为如果摄入的膳食纤维过多，会影响人体对蛋白质、无机盐以及某些微量元素的吸收，长此以往会导致免疫力下降。

③孕晚期饮食宜少食多餐

孕晚期随着子宫逐渐膨大，胃肠等消化器官会受到一定的挤压，使孕妇的胃口和消化能力受到一定的影响。因此在这个阶段适宜采取少食多餐的饮食方法，既能减少孕妇的肠胃负担，又有利于随时变换膳食的花样，补充多样和足够的营养，以保障孕妇和胎儿的营养需要。由于胃部空间变小，可以多选择一些体积小但营养价值高的食物，如奶制品或动物性食品等。尤其在食欲下降、营养容易流失的夏季，最好选择新鲜的蔬菜水果，常吃鸡肉丝、猪肉丝、蛋花、紫菜、香菇做成的汤。

④孕晚期不可暴饮暴食

孕晚期对准妈妈来说是即将面临生产的准备期，对宝宝来说则是体重迅速增长的时期。在这个阶段，如果孕妇暴饮暴食，吃得过多，会使孕妇体内脂肪积蓄过多，导致组织弹性减弱，容易在分娩时造成难产或大出血，过于肥胖的孕妇还有发生妊娠高血压综合征、妊娠合并糖尿病、妊娠合并肾炎等疾病的可能。同时，孕妇暴饮暴食容易造成巨大胎儿，分娩时产程延长，易影响胎儿心跳而发生窒息。还有可能引起胎儿终生肥胖。所以，孕晚期要合理饮食，切不可毫无节制地暴饮暴食。

孕晚期容易出现血压升高、妊娠水肿。饮食的调味宜清淡些，少吃过咸的食物，更不宜一次性大量饮水。每天保证1500毫升的摄入量即可，以免影响进食。

⑥孕晚期可适当添加零食和夜餐

怀孕晚期，孕妇除了吃好正餐以外，还可根据需要，适当添加些零食和夜宵，以保障营养的充分摄入，但食物应选择营养丰富且容易消化的，如牛奶、点心、水果、坚果等。尤其不要饿着肚子睡觉。吃夜宵的时间不宜太晚，应与晚餐和睡觉的时间均间隔一定的时间，在略有饥饿感时吃夜宵最好，吃后休息一两个小时再上床睡觉。宵夜的分量以全天进餐量的五分之一为宜，并也要注意营养搭配，最佳搭配是奶制品、少量碳水化合物和一点水果。太咸的食物和油炸食品不宜选择。

⑦临产时应吃高能量易消化食物

第一次生产的孕妇从有规律的宫缩到宫口全开大约需要12小时。此时应补充些高能量、易消化的食物，以积蓄足够的能量，使生产过程更加顺利。如果孕妇状态良好，准备采取自然分娩，可准备些易消化、少渣、易引起食欲的食物，如排骨汤面条、牛奶、酸奶、巧克力、桂圆肉等。如果因宫缩太紧，孕妇很不舒服，不能进食，可通过输入葡萄糖、维生素来补充能量。假如这时没有补充足够的能量，或吃的食物不易消化，会使产妇紧张焦虑，容易导致产妇疲劳，引起宫缩乏力、难产、产后出血等危险情况。

⑧孕晚期不要盲目大量服用维生素

过量服用维生素A会影响胎儿大脑和心脏的发育，诱发先天性心脏病和脑积水。长期过多服用B族维生素，可致使胎儿对其产生依赖性，胎儿出生后容易兴奋、哭闹不安、眼球震颤、容易受惊、反复惊厥等。维生素D摄入过多，则会导致特发性婴儿高钙血症，表现为囟门过早闭合、鼻梁前倾、主动脉窄缩等畸形，严重的还伴有智商减退。如果孕妇长期服用大量维生素C，婴儿会患维生素C缺乏性坏血症。如果孕妇怀孕期间大量服用维生素K，可使新生儿出现生理性黄疸。

月子期的饮食指南

　　产妇在坐月子时，要遵循一些正确的饮食指导，才能吃得安心，吃出健康。例如重点补充的营养素、产后正确的进食顺序等，这些都是产妇和其家人应要牢记的。

月子期需重点补充的营养素

　　月子期的保健措施多种多样，其中最重要的一条是加强饮食营养，尤其是分娩后的几天，消化功能逐渐旺盛的情况下，更要多吃各种富于营养的食物。其中，在月子期间，产妇需重点补充的营养素为蛋白质、维生素、矿物质、水分及热量。

　　蛋白质：产妇产后体质虚弱，生殖器官复原和脏腑功能康复也需要大量蛋白质。蛋白质是生命的物质基础，含大量的氨基酸，是修复组织器官的基本物质，这些对产妇本身是十分必要的。产妇每日需要蛋白质90-100克，较正常妇女多20-30克。产妇每日泌乳要消耗蛋白质10-15克，6个月内婴儿对8种必需氨基酸的消耗量很大，所以乳母的膳食蛋白质的质量是很重要的。每日膳食中必须搭配2-3种富含蛋白质的食物，才能满足产妇的营养需要。

　　维生素：产后除维生素A需要量增加较少外，其余各种维生素需要量较未孕时增加1倍以上。因此，产后膳食各种维生素必须增加，以维持产妇的自身健康，促进乳汁分泌，满足婴儿生长需要。含维生素丰富的食物有西红柿、豆类、蒜头、大白菜、茄子等。

　　矿物质：矿物质又称无机盐，是构成人体组织和维持正常生理活动的重要物质。如果产妇乳汁中的矿物质含量较少，自身储备的矿物质就会被乳汁吸收，所以产妇应当确保摄入足够的矿物质来保证自己的健康和宝宝的正常发育。

　　水分：产妇在分娩过程中因失血等原因，流失的体液比较多，而且分娩后子宫内膜、宫腔内壁都需要修复，乳汁的分泌也要有充足的液体，一般人每天需要不少于6杯（1200毫升）水。刚分娩的产妇基础代谢高，身体较弱，出汗较多，所以更应补充水分。

　　热量：产妇每日需要的热能要高达12540-16720千焦。糖类是我国人民饮食中最主要的热能来源。因此宜多吃含糖丰富的食物，如面、大米、小米、玉米等。如此高的热量单靠糖类是远远不能满足的，需要摄入羊肉、瘦猪肉、牛肉、鸡肉等动物性食品和高热能的坚果类食品，如核桃仁、花生米、芝麻、松子等。

产后正确的进食顺序

产妇在进食的时候，最好按照一定的顺序进行，因为只有这样，食物才能更好地被人体消化吸收，更有利产妇身体的恢复。正确的进餐顺序为：汤——青菜——饭——肉，半小时后再进食水果。

饭前先喝汤。饭后喝汤的最大问题在于会冲淡食物消化所需要的胃酸。所以产妇吃饭时忌一边吃饭一边喝汤，或以汤泡饭或吃过饭后再来一大碗汤，这样容易阻碍正常消化。米饭、面食、肉食等淀粉或含蛋白质成分的食物则需要在胃里停留1-2小时，甚至更长的时间，所以要在喝汤后吃。在各类食物中，水果的主要成分是果糖，无需通过胃来消化，而是直接进入小肠就被吸收。如果产妇进食时先吃饭菜，再吃水果，消化慢的淀粉、蛋白质就会阻塞消化快的水果，食物在胃里会搅和在一起。如果饭后马上吃甜食或水果，最大害处就是会中断、阻碍体内的消化过程。胃内腐烂的食物会被细菌分解，产生气体，形成肠胃疾病。

剖腹产产妇月子饮食有要点

对于剖腹产的产妇，在月子期间的饮食比起顺产的产妇们要更加注意，其饮食有五大要点。

主食种类多样化：粗粮和细粮都要吃，而且粗粮营养价值更高，比如小米、玉米粉、糙米、标准粉，它们所含的B族维生素都要比精米、精面高出好几倍。

多吃蔬菜和水果：蔬菜和水果既可提供丰富的维生素、矿物质，又可提供足量的膳食纤维素，以防产后发生便秘。

饮食要富含蛋白质：应比平时多摄入蛋白质，尤其是动物蛋白质，比如鸡、鱼、瘦肉、动物肝、血所含的蛋白质。豆类也是必不可少的佳品，但无须过量，否则会加重肝脏负担，反而对身体不利，每天摄入95克即可。

不吃酸辣食物及少吃甜食：酸辣食物会刺激产妇虚弱的胃肠而引起诸多不适；吃过多甜食不仅会影响食欲，还可能使热量过剩而转化为脂肪，引起身体肥胖。

多进食各种汤饮：汤类味道鲜美，且易消化吸收，还可以促进乳汁分泌。如红糖水、鲫鱼汤、猪蹄汤、排骨汤等，但须汤肉同吃。红糖水的饮用时间不能超过10天，因为时间过长反而使恶露中的血量增加，使产妇处于一种慢性失血状态而发生贫血。

产后催奶饮食的选择要因人而异

从中医的角度出发，产后催奶应根据不同体质进行饮食和药物调理。如鲫鱼汤、豆浆和牛奶等平性食物属于大众皆宜，而猪脚催奶就不是每个人都适宜的。这里推荐一些具有通乳功效的食材，如猪蹄、鲫鱼、章鱼、花生、木瓜等；通络的药材则有通草、漏芦、丝瓜络等。这里我们针对不同体质的女性，对生产后的催奶饮食的注意要点进行介绍。

气血两虚型：如平素体虚，或因产后大出血而奶水不足的产妇可用猪脚、鲫鱼煮汤，另可添加党参、北芪、当归、红枣等补气补血药材。

痰湿中阻型：肥胖、脾胃失调的产妇可多喝鲫鱼汤，少喝猪蹄汤和鸡汤；另外，可加点陈皮、苍术、白术等具有健脾化湿功效的药材。

肝气郁滞型：平素性格内向或出现产后抑郁症的产妇，建议多泡玫瑰花、茉莉花、佛手花等花草茶，以舒缓情绪。另外，用鲫鱼、通草、丝瓜络煮汤，或用猪蹄、漏芦煮汤，可达到疏肝、理气、通络的功效。

血淤型：可喝生化汤，吃点猪脚姜、黄酒煮鸡、客家酿酒鸡、益母草煮鸡蛋等。

肾虚型：可进食麻油鸡、花胶炖鸡汤、米汤冲芝麻。

湿热型：可喝豆腐丝瓜汤等具有清热功效的汤水。

催乳汤饮用注意事项

为了尽快下乳，许多产妇产后都有喝催乳汤的习惯。但是，产后什么时候开始喝这些"催乳汤"是有讲究的。产后喝催乳汤一般要掌握两点。

第一，要掌握乳腺的分泌规律。一般来说，初乳进入婴儿体内能使婴儿体内产生免疫球蛋白A，从而保护婴儿免受细菌的侵害。但是，有的产妇不知道初乳有这些优点，认为它没有营养而挤掉，这是极为错误的。初乳的分泌量不很多，加之婴儿此时尚不会吮吸初乳就通了。大约在产后的第四天，乳腺才开始分泌真正的乳汁。

第二，注意产妇身体状况。若是身体健壮、营养好，初乳分泌量较多的产妇，可适当推迟喝催乳汤的时间，喝的量也可相对减少，以免乳房过度充盈造成乳汁淤积而引起不适。如产妇各方面情况都比较差，就要喝得早些，量也多些，但也要根据"耐受力"而定，以免增加胃肠的负担而出现消化不良，走向另一个极端。

此外，若为顺产的产妇，第一天比较疲劳，需要休息才能恢复体力，不要急于喝汤，若是剖腹产的产妇，催乳的食物可适当提前供给。

哺乳期的饮食指南

哺乳期一方面要分泌乳汁，另一方面还要哺乳婴儿，所以需要补充充足的营养。本节会介绍一些哺乳期妈妈的饮食指导相关的问题。

哺乳期需重点补充的营养素

哺乳期妈妈需要重点补充的营养素有蛋白质、钙、铁、维生素D、维生素C、叶酸、DHA，哺乳期妈妈要保证这些营养素的足量摄取，不能过多地摄入。

蛋白质：蛋白质是哺乳期营养必不可少的，如果哺乳妈妈体内缺乏蛋白质将会减少乳汁的分泌，蛋白质对人体健康和构成有重要作用。蛋白质分解代谢后产生的氨基酸是人体重要的组成部分。因此足量优质的蛋白质摄入对哺乳期妈妈和婴儿都很重要。

钙：孕前和孕后补钙对孕妇健康和宝宝发育都有很好的帮助，由于母乳中大部分的钙来源于身体储存的钙，因此，哺乳期妈妈在哺乳期记得要补充足够的钙质。有研究发现，在哺乳期，女性会失去身体3%到5%的骨质，每天补充必要的钙质是非常重要的。18-50岁的女性，每天膳食中的钙含量应该要1000毫克，哺乳期妈妈每天要1300毫克，这样才可以保证骨质正常恢复。

铁：哺乳期营养补充千万不能忘记铁，铁有助于维持哺乳期妈妈体内的能量水平，由于在分娩的时候消耗量比较多，因此更需要补充铁。

维生素D：很多人都忽略维生素D的作用，在哺乳期很多新妈妈只记得给宝宝补充维生素D，但是新妈妈也是补充这种营养物质的重点对象，维生素D可以调节人体钙和磷的代谢，帮助肠道吸收钙，维持骨骼强度，预防骨质疏松。

维生素C：哺乳期妇女机体内维生素C的水平会比平时略低，从而出现了抵抗感冒力

低下。哺乳期可以适当吃维生素C，有促进抗体形成、提高宝宝免疫力、促进铁吸收、预防缺铁性贫血等功效。

叶酸：不仅在备孕期需要吃叶酸，哺乳期妈妈每日也应该摄取至少400微克的叶酸，这样通过母乳喂养可以保证孩子的正常发育。一般叶酸从怀孕前3个月开始一直补到怀孕后3个月，叶酸除了对宝宝脑神经管有帮助外，还能预防贫血、提高宝宝免疫力、促进乳汁分泌等。

DHA：DHA能优化婴儿大脑椎体细胞膜磷脂的构成，是人体大脑发育必需不饱和脂肪酸之一，是细胞脂质结构中重要的组成成分，存在于许多组织器官中，特别是神经、视网膜组织器官中含量丰富。由于整个生命过程都需要维持正常的DHA水平，尤其是从胎儿期第10周开始至6岁，是大脑及视网膜发育的黄金阶段，因此哺乳期妈妈需要补充DHA满足婴儿的需要。

合理安排哺乳期妈妈的膳食

新妈妈一方面要逐步补充妊娠、分娩时所损耗的营养素储备，促进器官、系统功能的恢复；另一方面要分泌乳汁、哺育婴儿。因此，应根据哺乳期的生理特点及乳汁分泌的需要合理安排膳食，保证充足的营养供给。

增加鱼、禽、蛋、瘦肉及海产品摄入：动物性食物如鱼、禽、蛋、瘦肉等可提供丰富的优质蛋白质，新妈妈每天应增加总量100~150克的鱼、禽、蛋、瘦肉，其提供的蛋白质应占总蛋白质的1/3以上。乳母还应多吃些海产品，对婴儿的生长发育有益。

适当增加饮用奶类，多喝汤水：奶类含钙量高，易于吸收利用，是钙的最好食物来源。乳母每日若能饮用牛奶500毫升，则可从中得到约600毫克优质钙。促使乳母多饮汤水，以便增加乳汁的分泌量。

食物多样，不过量：膳食应该是多样化的平衡膳食，以满足营养需要为原则，以利于新妈妈健康，保证乳汁的质与量和持续地进行母乳喂养。

哺乳期妈妈要多喝汤水

新妈妈每天摄入的水量与乳汁分泌量密切相关。摄水量不足时，可使乳汁分泌量减少，故新妈妈每天应多饮汤水。此外，由于新妈妈的基础代谢较高，出汗多再加上乳汁分泌，需水量高于一般人，因此新妈妈多喝一些汤水是有益的，如鱼汤、鸡汤、肉汤、鲫鱼汤、猪脚鸡蛋汤、骨头汤、豆腐汤等都可促进乳汁分泌。

哺乳期应重视蔬菜水果的摄入

新鲜的蔬菜水果含有多种维生素、矿物质、膳食纤维、果胶、有机酸等成分，可增加食欲、增加肠蠕动、防治便秘、促进乳汁分泌，是母乳不可缺少的食物。产妇在分娩过程中体力消耗大，腹部肌肉松弛，加上卧床时间长，运动量减少，致使肠蠕动变慢，比一般人更容易发生便秘。假如禁食蔬菜水果，不仅会增加便秘、痔疮等疾病的发病率，还会造成某些微量营养素的缺乏，影响乳汁中维生素和矿物质的含量，进而影响婴儿的生长发育，因此哺乳期要重视蔬菜水果的摄入。

哺乳期应补充造血原料，预防贫血

孕妇生理性贫血产后2~6周才能恢复，加上分娩过程中不同程度的失血，因此产后宜补铁。维生素C有促进铁的吸收的重要作用，可将难以吸收的三价铁还原为易于吸收的二价铁。因此，补铁的同时应注意补充维生素C，以预防或纠正缺铁性贫血。

哺乳期应增加海产品的摄入

海产鱼虾除蛋白质丰富外，其脂肪富含n-3多不饱和脂肪酸，牡蛎还富含锌，海带、紫菜富含碘，这些营养素都是婴儿生长发育尤其是脑和神经系统发育必需的营养素。有研究显示，能量平衡时，乳汁脂肪酸含量和组成与乳母膳食脂肪摄入量和种类有关。母乳中锌、碘含量也受乳母膳食中锌、碘含量的影响。因此乳母增加海产品摄入可使乳汁中DHA、锌、碘等含量增加，从而有利于婴儿的生长发育，特别是脑和神经系统发育。

Part 2

备孕期营养餐

　　"备孕"是优孕的关键，但也最容易被忽略，与"意外"的惊喜相比，期待中的宝贝更是父母爱的结晶、情的延续、灵的升华。所以，在备孕期间，准爸爸、准妈妈们对于饮食也要格外上心。因为，孩子的聪明、健康，这些先天性的"素质"往往从他（她）成为受精卵的那一刻就已经决定，所以，孕前备孕是非常有必要的。恰当的孕前准备能让孩子决胜在起跑线上，孕前点点滴滴的付出和努力能无限扩大到孩子的未来上。因此，当您准备要一个小宝贝时，千万不可忽略备孕期的饮食哦！

白菜

鲜虾炒白菜

难易度：★★☆　⏱2分钟　🍴健胃润肠

◎ **原料** 虾仁50克，大白菜160克，红椒25克，姜片、蒜末、葱段各少许

◎ **调料** 盐3克，鸡粉3克，料酒、水淀粉、油各适量

◎ **做法**

1. 将洗净的大白菜切小块，洗好的红椒去籽，切小块。2. 洗净的虾仁由背部切开，去除虾线，将虾仁装入碗中，放入盐、鸡粉、水淀粉，抓匀，倒入适量食用油，腌渍入味。3. 锅中注入清水烧开，放少许食用油、盐，倒入大白菜，煮半分钟至其断生，捞出。4. 用油起锅，放入姜片、蒜末、葱段，爆香。5. 倒入虾仁，炒匀，淋入料酒，炒香，放入大白菜、红椒，炒匀，加入鸡粉、盐，倒入水淀粉勾芡即可。

白菜炒菌菇

难易度：★★☆　🕐1分钟　健胃润肠

◎ **原料** 大白菜200克，蟹味菇60克，香菇50克，姜片、葱段各少许

◎ **调料** 盐3克，鸡粉少许，蚝油5克，水淀粉、食用油各适量

◎ **做法**

1.蟹味菇洗净切去老茎，洗好的香菇切片，大白菜切小块。2.锅中注水烧开，加入盐、油，倒入白菜块、香菇、蟹味菇，煮约半分钟，捞出。3.用油起锅，放入姜片、葱段，倒入食材，加入蚝油、鸡粉、盐、水淀粉，炒至食材入味即成。

TIPS

焯煮白菜时，先放入白菜梗煮一会儿，再放入白菜叶，口感会更佳。

虾米白菜豆腐汤

难易度：★★☆　🕐2分钟　解毒生津

◎ **原料** 虾米20克，豆腐90克，白菜200克，枸杞15克，葱花少许

◎ **调料** 盐2克，鸡粉2克，料酒10毫升，食用油适量

◎ **做法**

1.洗净的豆腐切小方块，洗好的白菜切丝。2.用油起锅，倒入虾米，放入白菜，炒匀，淋入料酒，倒入清水，加入洗净的枸杞，煮沸。3.放入豆腐块，加入盐、鸡粉，拌匀，盛出煮好的汤料，装入碗中，撒上备好的葱花即可。

菠菜

腐皮菠菜卷

难易度：★★★ ⏱5分钟 🍲补血安神

◎ **原料** 水发豆腐皮60克，菠菜70克，胡萝卜50克，水发木耳40克，姜片、蒜末、葱段各少许

◎ **调料** 盐3克，鸡粉3克，料酒2毫升，生抽3毫升，芝麻油、水淀粉、食用油各适量

◎ **做法**

1.菠菜洗净切碎；木耳、胡萝卜切细丝。2.锅中注水烧开，加油、盐、鸡粉拌匀。3.木耳、胡萝卜、菠菜焯水捞出。4.爆香姜片、蒜末、葱段。5.放入焯过水的材料炒匀，加调味料炒香，即成馅料。6.取豆腐皮、馅料包成卷，放入蒸盘中蒸熟，浇上热油即可。

TIPS

在炒菠菜之前，最好先用开水将菠菜焯一下，以去掉大部分的草酸。用水淀粉封口，可使菠菜卷不易散掉，而且不会影响口感。

菠菜炒猪肝

难易度：★★☆ ⏱3分钟 👶补血养血

◎ **原料** 菠菜200克，猪肝180克，红椒10克，姜片、蒜末、葱段各少许

◎ **调料** 盐2克，鸡粉3克，料酒7毫升，水淀粉、食用油各适量

◎ **做法**

1.将洗净的菠菜切段，洗好的红椒切小块，洗净的猪肝切片。2.将猪肝装入碗中，放入盐、鸡粉，加入料酒、水淀粉，抓匀，注入食用油，腌渍入味。3.用油起锅，放入姜片、蒜末、葱段，放入红椒，拌炒，倒入猪肝，淋入料酒，放入菠菜，炒至熟软，加入盐、鸡粉，炒匀，倒入水淀粉，将炒好的菜肴盛出装盘即可。

芝麻洋葱拌菠菜

难易度：★★☆ ⏱3分钟 👶补脾益气

◎ **原料** 菠菜200克，洋葱60克，白芝麻3克，蒜末少许

◎ **调料** 盐2克，白糖3克，生抽4毫升，凉拌醋4毫升，芝麻油3毫升，食用油适量

◎ **做法**

1.将去皮洗好的洋葱切丝，择洗干净的菠菜切去根部，切段。2.锅中注入清水，淋入食用油，放入菠菜，焯煮半分钟，倒入洋葱丝，搅匀，煮半分钟，捞出，沥干水分。3.将菠菜、洋葱装入碗中，加入盐、白糖，淋入生抽、凉拌醋，倒入蒜末，淋入芝麻油，拌匀，撒上白芝麻，拌匀，盛出拌好的食材，装入盘中即可。

西兰花

西兰花炒牛肉

难易度：★★☆ ⏱2分钟 🍴开胃健脾

◎ **原料** 西兰花300克，牛肉200克，彩椒40克，姜片、蒜末、葱段各少许

◎ **调料** 盐4克，鸡粉4克，生抽10毫升，蚝油10克，水淀粉9克，料酒10毫升，小苏打、食用油各适量

◎ **做法**

1.将洗净的西兰花切小块，洗好的彩椒切小块，洗净的牛肉切片。2.把牛肉片装入碗中，放入生抽、盐、鸡粉、小苏打、水淀粉、油，腌渍入味。3.锅中注水烧开，放入盐、油，倒入西兰花，煮1分钟，捞出。4.用油起锅，放入姜片、蒜末、葱段、彩椒，倒入牛肉，淋入料酒，炒匀。5.加入生抽、蚝油、鸡粉、盐、水淀粉炒匀，盛出牛肉片，放在西兰花上即可。

木耳鸡蛋西兰花

难易度：★★☆　⏱3分钟　🍲提高免疫力

◎ **原料** 水发木耳40克，鸡蛋2个，西兰花100克，蒜末、葱段各少许

◎ **调料** 盐4克，鸡粉2克，生抽5毫升，料酒10毫升，水淀粉4毫升，食用油适量

◎ **做法**

1.洗好的木耳切小块，洗净的西兰花切小块，鸡蛋打入碗中，加入盐，打散、调匀。2.锅中注入清水烧开，放入盐、食用油，倒入木耳，煮沸，倒入西兰花，拌匀，焯煮片刻，捞出，沥干水分。3.用油起锅，倒入蛋液，盛出炒好的鸡蛋。4.锅中倒入适量食用油，放入蒜末、葱段，爆香，倒入木耳和西兰花，炒匀，淋入料酒，放入鸡蛋，炒匀，加入盐、鸡粉、生抽，炒匀，倒入水淀粉，炒匀，盛出炒好的食材，装入盘中即可。

西兰花炒什蔬

难易度：★★☆　⏱2分钟　🍲补中消食

◎ **原料** 西兰花120克，水发黄花菜90克，水发木耳40克，莲藕、胡萝卜各90克，姜片、蒜末、葱段各少许

◎ **调料** 盐4克，鸡粉2克，料酒10毫升，蚝油10克，水淀粉4毫升，食用油适量

◎ **做法**

1.胡萝卜去皮切片；莲藕、西兰花切小块，黄花菜去蒂。2.胡萝卜、木耳、莲藕、黄花菜、西兰花焯水，捞出。3.用油起锅，放入姜、蒜、葱及食材炒匀，加调味料炒匀即可。

豆角

虾仁炒豆角

难易度：★★☆　⏱2分钟　🍴开胃消食

◉ **原料** 虾仁60克，豆角150克，红椒10克，姜片、蒜末、葱段各少许

◉ **调料** 盐3克，鸡粉2克，料酒、水淀粉、油各适量

◉ **做法**

1.洗净的豆角切段；红椒切条。2.虾仁处理好装碗，加盐、鸡粉、水淀粉、油腌渍入味。3.豆角焯水约1分钟，捞出。4.用油起锅，放入姜片、蒜末、葱段。5.倒入红椒、虾仁，淋入料酒，炒至虾身弯曲，倒入豆角，加入鸡粉、盐，注入清水，略煮一会儿。6.用水淀粉勾芡，炒至食材熟透即成。

TIPS

　　要事先摘去豆角的两头，以免影响菜肴的口感。豆角一定要焯透，以防止中毒，炒熟后放入凉水里过一下，可以使其口感更脆爽。

陈皮豆角炒牛肉

难易度：★★☆ 🕙10分钟 🍲健脾养胃

◎ **原料** 陈皮10克，豆角180克，红椒35克，牛肉200克，姜片、蒜末、葱段各少许

◎ **调料** 盐3克，鸡粉2克，料酒3毫升，生抽4毫升，水淀粉、食用油各适量

◎ **做法**

1.豆角洗净切段；红椒去籽切细丝；陈皮洗净切丝。2.牛肉洗净切片，放陈皮丝、生抽、盐、鸡粉、水淀粉、食用油腌渍。3.锅中注水烧开，倒入豆角焯水至断生，捞出待用。4.用油起锅，放姜片、蒜末、葱段、红椒丝，爆香，倒入牛肉片，翻炒至松散，淋入料酒炒香，倒入豆角，加鸡粉、盐、生抽、水淀粉，炒匀调味即成。

肉末豆角

难易度：★★☆ 🕙3分钟 🍲养心润肺

◎ **原料** 肉末120克，豆角230克，彩椒80克，姜片、蒜末、葱段各少许

◎ **调料** 小苏打2克，盐2克，鸡粉2克，蚝油5克，水淀粉、生抽、料酒、油各适量

◎ **做法**

1.洗好的豆角切成段，洗净的彩椒去籽，切丁。2.锅中注入清水烧开，放入小苏打，倒入豆角，搅匀，煮1分30秒至其断生，捞出，沥干水分。3.用油起锅，放入肉末，淋入料酒、生抽，炒匀，放姜片、蒜末、葱段，倒入彩椒丁，放入豆角，炒匀，加入盐、鸡粉、蚝油，炒匀，盛出炒好的菜肴，装入盘中即可。

芦笋

芦笋炒杏鲍菇

难易度：★★☆ ⏱2分钟 ⚕养心润肺

◎ **原料** 杏鲍菇100克，芦笋80克，虾仁70克，胡萝卜50克，姜片、蒜末、葱段各少许

◎ **调料** 盐3克，鸡粉2克，白糖3克，料酒6毫升，水淀粉、食用油各适量

◎ **做法**

1.将洗净的芦笋切段，洗好的杏鲍菇切小丁块，洗净去皮的胡萝卜切小块，洗好的虾仁由背部切开，去除虾线。2.把虾仁装入碗中，加入料酒、盐、鸡粉、水淀粉、油腌渍入味。3.锅中注水烧开，加入盐、白糖、油，倒入胡萝卜块、杏鲍菇和芦笋，煮约1分钟，捞出。4.用油起锅，倒入虾仁，翻炒至变色，倒入姜、蒜、葱炒匀，倒入焯煮过的食材，炒匀。5.加入料酒、盐、鸡粉，倒入水淀粉，炒至食材入味即成。

草菇烩芦笋

难易度：★★☆　⏱2分钟　清热解毒

◎ **原料** 芦笋170克，草菇85克，胡萝卜片、姜片、蒜末、葱白各少许

◎ **调料** 盐2克，鸡粉2克，蚝油4克，料酒3毫升，水淀粉、食用油各适量

◎ **做法**

1. 草菇洗净切小块，芦笋洗净去皮切段。
2. 锅中注水烧开，放入盐、油，倒入草菇、芦笋段，煮至断生后捞出。3.用油起锅，放入胡萝卜片、姜、蒜、葱、草菇、芦笋、料酒炒匀，加入蚝油、盐、鸡粉，炒至熟，倒入水淀粉勾芡即成。

蚝油的味道较重，所以加入的盐不可太多，以免菜肴太咸了。

芦笋金针

难易度：★★☆　⏱2分钟　开胃生津

◎ **原料** 芦笋100克，金针菇100克，姜片、蒜末、葱段各少许

◎ **调料** 盐2克，鸡粉少许，料酒4毫升，水淀粉、食用油各适量

◎ **做法**

1. 金针菇洗净切去根部，芦笋洗净去皮用斜刀切成段。2.锅中注水烧开，倒入芦笋段，煮至断生捞出。3.用油起锅，放入姜、蒜、葱段、金针菇翻炒片刻，放入芦笋段，淋入料酒，炒香。4.加入盐、鸡粉、水淀粉炒匀即成。

西红柿

西红柿鸡蛋打卤面

难易度：★★☆ 　⏱4分钟　🍴开胃消食

◎ 原料 面条80克，西红柿60克，鸡蛋1个，蒜末、葱花各少许

◎ 调料 盐、鸡粉各2克，番茄酱、水淀粉、油各适量

◎ 做法

1. 洗好的西红柿切小块，鸡蛋打入碗中，调成蛋液。
2. 锅中注水烧开，加入食用油。3.放入面条，煮至熟软，捞出。4.用油起锅，倒入蛋液，炒匀盛入碗中。
5. 锅底留油烧热，倒入蒜末、西红柿、蛋花，注入清水，加入番茄酱、盐、鸡粉，煮至熟软。6.倒入水淀粉勾芡，把面条装碗，浇上卤汁，点缀上葱花即可。

TIPS

西红柿上绿色的蒂有草腥味、又硬，是不能吃的部位，所以食用前要先切除。面条煮的时间不可过长，否则会影响口感。

西红柿炒口蘑

难易度：★★☆ ⏱2分钟 🍲清热生津

◎原料 西红柿120克，口蘑90克，姜片、蒜末、葱段各适量

◎调料 盐4克，鸡粉2克，水淀粉、食用油各适量

◎做法

1.将洗净的口蘑切片，洗好的西红柿去蒂，切小块。2.锅中注水烧开，放入2克盐，倒入口蘑，煮1分钟至熟，捞出。3.用油起锅，放入姜片、蒜末，倒入口蘑，炒匀，加入西红柿，放入盐、鸡粉，炒匀，倒入水淀粉勾芡，盛出装盘，放上葱段即可。

西红柿炒冬瓜

难易度：★★☆ ⏱3分钟 🍲和胃调中

◎原料 西红柿100克，冬瓜260克，蒜末、葱花各少许

◎调料 盐2克，鸡粉2克，食用油适量

◎做法

1.洗净去皮的冬瓜切成片，洗好的西红柿切成小块。2.锅中注入适量清水烧开，倒入切好的冬瓜，搅匀，煮半分钟，至其断生，将焯好的冬瓜捞出，沥干水分。3.用油起锅，放入蒜末，翻炒至出香味，倒入西红柿，快速翻炒匀，放入焯过水的冬瓜，加入适量盐、鸡粉，炒匀调味，倒入少许水淀粉，盛出炒好的食材，装入盘中，撒上葱花即可。

黑木耳

木耳拌豆角

难易度：★★☆ ⏱3分钟 👤生津止渴

◎ **原料** 水发木耳40克，豆角100克，蒜末、葱花各少许

◎ **调料** 盐3克，鸡粉2克，生抽4毫升，陈醋6毫升，芝麻油、食用油各适量

◎ **做法**

1.将洗净的豆角切小段，洗好的木耳切小块。2.锅中注入清水烧开，加入盐、鸡粉。3.倒入豆角，注入食用油，煮约半分钟。4.放入木耳，搅匀，煮约1分30秒，至食材断生后捞出，沥干水分。5.将焯煮好的食材装在碗中，撒上蒜末、葱花，加入盐、鸡粉，淋入生抽、陈醋，倒入芝麻油，拌至食材入味即成。

TIPS

木耳的根部口感较差，而且杂质也较多，应将其清除掉。

黑木耳拌海蜇丝

难易度：★★☆ ⏱3分钟 🔆提高免疫力

◎ 原料 水发海蜇丝120克，水发黑木耳40克，西芹、胡萝卜各80克，香菜20克，蒜末少许

◎ 调料 盐1克，鸡粉2克，芝麻油2毫升，陈醋6毫升，白糖4克，食用油适量

◎ 做法

1.洗净去皮的胡萝卜切丝，洗好的黑木耳切丝，洗净的香菜切末。2.锅中注入清水烧开，放入盐，倒入黑木耳丝，加入胡萝卜丝，拌匀，放入洗净的海蜇丝，拌煮至熟软，捞出，沥干水分。3.将焯过水的食材装入碗中，加入蒜末，放入适量盐、鸡粉，倒入香菜，淋入芝麻油，加入生抽、陈醋，搅拌至食材入味，将碗中拌好的食材盛出，装入盘中即可。

木耳炒百合

难易度：★★☆ ⏱2分钟 🔆健脾消食

◎ 原料 鲜百合50克，水发木耳55克，彩椒50克，姜片、蒜末、葱段各少许

◎ 调料 盐3克，鸡粉2克，料酒2毫升，生抽2毫升，水淀粉、食用油各适量

◎ 做法

1.将洗净的彩椒、木耳切小块。2.锅中注水烧开，放入木耳，加盐，煮半分钟，加入彩椒、百合，再煮半分钟，捞出。3.用油起锅，放入姜片、蒜末、葱段，倒入食材，加入料酒、生抽、盐、鸡粉炒匀，倒入水淀粉勾芡即可。

山药

山药肚片

【难易度：★★★　⏱2分钟　🍲温中补气】

◎ **原料** 山药300克，熟猪肚200克，青椒、红椒各40克，姜片、蒜末、葱段各少许

◎ **调料** 盐、鸡粉各2克，料酒4毫升，生抽5毫升，水淀粉、食用油各适量

◎ **做法**

1.将洗净去皮的山药切片，青椒、红椒切小块，把熟猪肚切片。2.锅中注水烧开，加入食用油。3.放入山药片、青椒、红椒，拌匀。4.煮至八成熟后捞出。5.用油起锅，放入姜片、蒜末、葱段。6.倒入食材，放入猪肚，加入调味料，炒至食材熟软即成。

TIPS

熟猪肚最好用八角、桂皮之类的香料来加工制作，这样能使菜肴的口感更好。

山药胡萝卜鸡翅汤

难易度：★★★ | ⏱32分钟 | 清热生津

◎ **原料** 山药180克，鸡中翅150克，胡萝卜100克，姜片、葱花各少许

◎ **调料** 盐2克，鸡粉2克，胡椒粉少许，料酒适量

◎ **做法**

1.洗净去皮的山药切丁，洗好去皮的胡萝卜切小块，洗净的鸡中翅斩小块。2.锅中注入清水烧开，倒入鸡中翅，淋入料酒，煮沸，撇去浮沫，捞出。3.砂锅中注水烧开，倒入鸡中翅，放入胡萝卜，倒入山药，放入姜片，淋入料酒，煮至食材熟透，放入盐、鸡粉、胡椒粉，撇去锅中浮沫；盛出装入碗中，放上葱花即可。

羊肉山药粥

难易度：★★☆ | ⏱42分钟 | 和胃调中

◎ **原料** 羊肉200克，山药300克，水发大米150克，姜片、葱花、胡椒粒各少许

◎ **调料** 盐3克，鸡粉4克，生抽4毫升，料酒、水淀粉、食用油各适量

◎ **做法**

1.洗净的山药切丁，洗好的羊肉切丁，把羊肉丁装入碗中，放盐、鸡粉、生抽，拌匀，加入料酒，放入水淀粉、食用油，拌匀，腌渍入味。2.砂锅中注水烧开，放入洗净的大米，煮约30分钟，放入山药，煮10分钟至食材熟透。3.放入羊肉、姜片，煮约2分钟，加入盐、鸡粉、胡椒粒拌匀；盛出装碗，撒上葱花即可。

紫菜

豆腐紫菜鲫鱼汤

难易度：★★☆　7分钟　清热解毒

◎ 原料　鲫鱼300克，豆腐90克，水发紫菜70克，姜片、葱花各少许

◎ 调料　盐3克，鸡粉2克，料酒、胡椒粉、油各适量

◎ 做法

1.将洗好的豆腐切小方块。2.用油起锅，放入姜片，放入处理干净的鲫鱼，煎至其呈焦黄色，淋入料酒，倒入清水，加入盐、鸡粉，拌匀，煮3分钟至熟。3.倒入豆腐，放入紫菜，加入胡椒粉，拌匀，煮2分钟至食材熟透，把鲫鱼盛入碗中，倒入余下的汤，撒上葱花即可。

TIPS

煎鲫鱼时，要控制好时间和火候，至鲫鱼呈焦黄色即可。

红烧紫菜豆腐

难易度：★★☆ ⏱2分钟 🍴养心益气

◎**原料** 水发紫菜70克，豆腐200克，葱花少许

◎**调料** 盐3克，白糖3克，生抽4毫升，水淀粉5毫升，芝麻油2毫升，老抽、鸡粉、食用油各适量

◎**做法**

1.洗净的豆腐切小块。2.锅中注入清水烧开，放入盐、食用油，倒入豆腐块，拌匀，煮1分钟，捞出，沥干水分。3.用油起锅，倒入豆腐块，加入清水，放入洗好的紫菜，放入盐、鸡粉、生抽、老抽，炒匀，加入白糖，倒入水淀粉勾芡，淋入芝麻油，炒匀，盛出炒好的食材，装入盘中，撒上葱花即可。

西红柿紫菜蛋花汤

难易度：★☆☆ ⏱2分钟 🍴宽肠通便

◎**原料** 西红柿100克，鸡蛋1个，水发紫菜50克，葱花少许

◎**调料** 盐2克，鸡粉2克，胡椒粉、油各适量

◎**做法**

1.洗好的西红柿切小块，鸡蛋打入碗中，搅匀。2.用油起锅，倒入西红柿，加入清水，煮沸，煮1分钟，放入洗净的紫菜，拌匀，加入鸡粉、盐、胡椒粉，搅匀。3.倒入蛋液，搅至浮起蛋花，盛出煮好的蛋汤，装入碗中，撒上葱花即可。

牛肉

酱牛肉

难易度：★★☆　⏱42分钟　🍲补中益气

◎ **原料** 牛肉300克，姜片15克，葱结20克，桂皮、丁香、八角、红曲米、甘草、陈皮各少许

◎ **调料** 盐2克，鸡粉2克，白糖5克，生抽6毫升，老抽4毫升，五香粉3克，料酒5毫升，食用油适量

◎ **做法**

1.锅中注入清水，放牛肉。2.淋入料酒，煮10分钟，捞出。3.用油起锅，放姜片、葱结、桂皮、丁香、八角、陈皮、甘草、白糖炒匀。4.注入清水，放红曲米、盐、生抽、鸡粉、五香粉、老抽拌匀。5.放入牛肉煮熟捞出。6.牛肉切片摆盘，浇上汤汁即可。

TIPS

烹饪时放一个山楂、一块陈皮或一点茶叶，牛肉易烂。将氽煮好的牛肉可用冷水浸泡一下，可让牛肉更紧缩，口感会更佳。

牛肉煲芋头

难易度：★★☆ ⏲81分钟 ⊞健脾益胃

◉ **原料** 牛肉300克，芋头300克，花椒、桂皮、八角、香叶、姜片、蒜末、葱花各少许

◉ **调料** 盐2克，鸡粉2克，料酒10毫升，豆瓣酱10克，生抽、水淀粉、油各适量

◉ **做法**

1.洗净去皮的芋头切小块，牛肉切丁。
2.锅中注水烧开，倒入牛肉丁，汆去血水，捞出。3.用油起锅，放入香料、姜片、蒜末，倒入牛肉丁，淋入料酒炒匀，放入豆瓣酱、生抽、盐、鸡粉，倒入清水煮沸，焖至食材熟软，放入芋头焖熟，倒入水淀粉勾芡，将食材盛入砂煲中，加热片刻，取下砂煲，撒上葱花即可。

五彩蔬菜牛肉串

难易度：★★★ ⏲2分钟 ⊞润肠通便

◉ **原料** 牛肉300克，西兰花100克，彩椒60克，姜片少许，竹签数支

◉ **调料** 盐2克，鸡粉2克，生抽3毫升，小苏打、胡椒粉、水淀粉、白糖、油各适量

◉ **做法**

1.彩椒、西兰花切块；牛肉切片，拍几下。2.牛肉装碗，加盐、生抽、白糖、鸡粉、小苏打、水淀粉、油，腌渍入味；锅中注水烧开，倒入彩椒、西兰花，煮断生捞出；热锅注油，倒入牛肉，滑油至变色捞出。3.取竹签，依次穿入彩椒、西兰花、牛肉、姜片，做成牛肉串煎炸片刻；锅下油烧热，放入牛肉串煎炸片刻，撒上胡椒粉即可。

猪肝

水煮猪肝

难易度：★★★ ⏲3分钟 📖增强免疫力

◎ **原料** 猪肝300克，白菜200克，姜片、葱段、蒜末各少许

◎ **调料** 盐3克，鸡粉3克，料酒4毫升，水淀粉8毫升，豆瓣酱15克，生抽、辣椒油、花椒油、油各适量

◎ **做法**

1.将洗净的白菜切细丝，处理干净的猪肝切薄片。2.把猪肝装碗，加盐、鸡粉、料酒、水淀粉腌渍入味。3.锅中注水烧开，加油、盐、鸡粉，倒入白菜丝，煮至熟软捞出。4.用油起锅，倒入姜片、葱段、蒜末、豆瓣酱，炒散，倒入猪肝片，炒至变色，淋入适量料酒，炒匀。5.锅中注入少许清水，淋入生抽，放入盐、鸡粉、辣椒油、花椒油，煮至沸，倒入水淀粉，拌匀，把煮好的猪肝盛入盘中即成。

猪肝炒菜花

难易度：★★☆ ◎2分钟 理气补血

◎ **原料** 猪肝160克，菜花200克，胡萝卜片、姜片、蒜末、葱段各少许

◎ **调料** 盐3克，鸡粉2克，生抽3毫升，料酒6毫升，水淀粉、食用油各适量

◎ **做法**

1.将洗净的菜花切小朵，洗好的猪肝切片。2.把猪肝片放入碗中，加入盐、鸡粉，淋上料酒，拌匀，注入食用油腌渍入味，锅中注入约700毫升清水烧开，放入盐、食用油，倒入菜花，拌匀，煮约1分30秒至食材断生后捞出，沥干水分。3.用油起锅，放入胡萝卜片、姜片、蒜末、葱段，倒入猪肝，炒至转色，倒入菜花，淋上料酒，加入盐、鸡粉，淋入生抽，炒匀，淋入水淀粉，盛出炒好的菜肴，放在盘中即成。

明目枸杞猪肝汤

难易度：★★☆ ◎21分钟 补血养血

◎ **原料** 石斛20克，菊花10克，枸杞10克，猪肝200克，姜片少许

◎ **调料** 盐2克，鸡粉2克

◎ **做法**

1.洗净的猪肝切片，把洗净的石斛、菊花装入隔渣袋中，收紧袋口。2.锅中注水烧开，倒入猪肝，氽去血水，捞出。3.砂锅中注水烧开，放入装有药材的隔渣袋，倒入猪肝，放入姜片、枸杞，煮至食材熟透，放入盐、鸡粉，拌匀，取出隔渣袋，将汤料盛出装碗即可。

牡蛎（生蚝）

韭黄炒牡蛎

难易度：★★☆ ◎ 2分钟 ☷ 和胃调中

◎ **原料** 牡蛎肉400克，韭黄200克，彩椒50克，姜片、蒜末、葱花各少许

◎ **调料** 生粉15克，生抽、鸡粉、盐、料酒、油各适量

◎ **做法**

1.洗净的韭黄切段，洗好的彩椒切条。2.把洗净的牡蛎肉装入碗中，加入料酒、鸡粉、盐、生粉，拌匀。3.锅中注水烧开，倒入牡蛎，煮片刻，捞出。4.热锅注油烧热，放入姜片、蒜末、葱花爆香。5.倒入牡蛎，淋入生抽，炒匀，倒入适量料酒，放入彩椒、韭黄段，炒匀。6.加入鸡粉、盐炒匀盛出即可。

TIPS

可用清水多冲洗几次牡蛎，以去除其中的杂质，这样炒出来的菜肴口感更好。

上汤茼蒿蚝仔

难易度：★★☆ 2分钟 补血养气

◎ 原料 茼蒿150克，生蚝肉100克，高汤300毫升，大蒜、枸杞、葱段各少许

◎ 调料 盐、鸡粉各2克，料酒4毫升，食用油适量

◎ 做法

1.将去皮洗净的大蒜切片。2.锅中注水烧开，放入油、盐，放入茼蒿，煮至其熟透后捞出；沸水锅中再倒入生蚝肉，煮约半分钟，捞出。3.用油起锅，放入蒜片、葱段，倒入生蚝肉炒匀，淋上料酒，注入高汤，倒入洗净的枸杞，加入盐、鸡粉，煮至食材入味，制成上汤；取一个汤碗，放入茼蒿，盛出装在汤碗中即成。

枸杞胡萝卜蚝肉汤

难易度：★★☆ 30分钟 益脾健胃

◎ 原料 枸杞叶60克，生蚝肉300克，胡萝卜90克，姜片少许

◎ 调料 盐3克，鸡粉2克，胡椒粉少许，料酒5毫升，食用油适量

◎ 做法

1.将洗净去皮的胡萝卜切成薄片。2.把生蚝肉装入碗中，加鸡粉、盐、料酒拌匀，静置约10分钟。3.锅中注水烧开，倒入生蚝肉，煮一小会儿，捞出。4.另起锅，注水烧开，加入姜片、胡萝卜片，淋入油，倒入生蚝肉，加入料酒、盐、鸡粉，煮至食材熟软，放入枸杞叶，拌至熟，撒上胡椒粉，续煮片刻即成。

虾

虾仁四季豆

难易度：★☆☆　◎2分钟　开胃消食

◎**原料** 四季豆200克，虾仁70克，姜片、蒜末、葱白各少许

◎**调料** 盐4克，鸡粉3克，料酒、水淀粉、油各适量

◎**做法**

1. 把洗净的四季豆切段，洗好的虾仁由背部切开，去除虾线。2.将虾仁装碗，加盐、鸡粉、水淀粉、油腌渍入味。3.锅中注水烧开，倒入四季豆，焯至断生，捞出。4.用油起锅，放入姜片、蒜末、葱白。5.倒入虾仁，炒匀，放入四季豆，淋入料酒，加入盐、鸡粉、水淀粉炒匀即可。

TIPS

烹饪四季豆时要保证其熟透，否则会发生中毒。

白果桂圆炒虾仁

难易度：★★☆　◎2分钟　🍲滋肾养胃

◎**原料** 白果150克，桂圆肉40克，彩椒60克，虾仁200克，姜片、葱段各少许

◎**调料** 盐4克，鸡粉4克，胡椒粉1克，料酒8毫升，水淀粉10毫升，食用油适量

◎**做法**

1.洗净的彩椒切丁，洗好的虾仁由背部切开，去除虾线。2.把虾仁装入碗中，加盐、鸡粉、胡椒粉、水淀粉、油腌渍入味；锅中注入水烧开，倒入白果、桂圆肉，煮1分钟，放入彩椒，煮至食材断生，捞出；把虾仁倒入沸水锅中，煮至变色，捞出。3.热锅注油，放入虾仁，捞出，锅底留油，放入姜片、葱段，放入白果、桂圆、彩椒，炒匀，倒入虾仁，淋入料酒，加入鸡粉、盐，炒匀，倒入水淀粉，炒至食材熟透即可。

干焖大虾

难易度：★★☆　◎2分钟　🍲增强免疫力

◎**原料** 基围虾180克，洋葱丝50克，姜片、蒜末、葱花各少许

◎**调料** 料酒10毫升，番茄酱20克，白糖2克，盐、食用油各适量

◎**做法**

1.洗净的基围虾去掉头须和虾脚，将腹部切开。2.热锅注油，放入基围虾，炸至深红色，捞出。3.锅底留油，放入蒜末、姜片、洋葱丝爆香。4.倒入基围虾，淋入料酒、少许清水，放盐、白糖、番茄酱炒匀，撒上葱花即可。

带鱼

芝麻带鱼

难易度: ★★★ | ⏱20分钟 | 🍴宽中理气

◎ **原料** 带鱼140克,熟芝麻20克,姜片、葱花各少许

◎ **调料** 盐3克,鸡粉3克,生粉7克,生抽4毫升,水淀粉、辣椒油、老抽、食用油各适量

◎ **做法**

1.把带鱼鳍剪去,再切成小块。2.将带鱼块装碗,放入姜片,加盐、鸡粉、生抽、料酒、生粉腌渍15分钟。3.热锅注油,放入带鱼块,炸至金黄色,捞出。4.锅底留油,倒入少许清水,加辣椒油、盐、鸡粉、生抽,煮沸。5.倒入水淀粉、老抽,调成浓汁。6.放入带鱼块,撒入葱花炒香,撒上熟芝麻即可。

TIPS

带鱼腹中的黑膜一定要去掉,这层膜不但腥而且含有毒素。炸带鱼时,要控制好时间和火候,以免炸焦。

醋焖腐竹带鱼

难易度：★★☆ ⏱4分钟 ⛨健脾消食

◎ **原料** 带鱼110克，蒜苗70克，红椒40克，腐竹35克，姜末、蒜末、葱段各少许

◎ **调料** 盐3克，白糖2克，生粉、白醋、生抽、料酒、水淀粉、鸡粉、油各适量

◎ **做法**

1.洗好的蒜苗切段，红椒切小块，带鱼切小块装碗，加生抽、盐、鸡粉、料酒、生粉，裹匀带鱼。2.锅中倒入油，分别放入腐竹、带鱼，炸成金黄色，捞出。3.锅底留油，放入姜末、葱段、蒜末、蒜苗梗，倒入清水，放入腐竹、盐，煮沸，放入红椒，淋入生抽，倒入带鱼、蒜苗叶炒匀，加入白醋、水淀粉，炒匀即可。

荸荠木耳煲带鱼

难易度：★★☆ ⏱27分钟 ⛨清热解毒

◎ **原料** 荸荠肉100克，水发木耳30克，带鱼110克，姜片、葱花各少许

◎ **调料** 盐2克，鸡粉2克，料酒、胡椒粉、食用油各适量

◎ **做法**

1.将荸荠肉切小块，洗好的木耳切小块，洗净的带鱼切小块。2.煎锅注油烧热，放入带鱼块，煎至焦黄色，把煎好的带鱼盛出，砂锅中注入清水烧开，倒入荸荠肉，放入木耳，炖15分钟至熟。3.放入姜片，淋入料酒，放入带鱼，加入盐，炖10分钟，加入鸡粉、胡椒粉，拌匀，把炖好的汤料盛入碗中，撒上葱花即成。

鱿鱼

豉汁炒鲜鱿鱼

难易度：★★☆　2分钟　补益脾气

◎ **原料** 鱿鱼180克，彩椒50克，红椒25克，豆豉、姜片、蒜末、葱段各少许

◎ **调料** 盐3克，鸡粉2克，生粉10克，老抽2毫升，料酒4毫升，生抽6毫升，水淀粉、食用油各适量

◎ **做法**

1. 将洗净的彩椒切小块，洗好的红椒切小块，处理干净的鱿鱼切片。2. 把鱿鱼装入碗中，加入盐、鸡粉，淋入料酒，撒上生粉，拌匀，腌渍约10分钟。3. 锅中注入清水烧开，倒入鱿鱼，焯煮至鱿鱼片卷起后捞出，沥干水分。4. 用油起锅，放入豆豉、姜片、蒜末、葱段，倒入彩椒、红椒，放入鱿鱼，炒匀。5. 淋入料酒，加入生抽、老抽、盐、鸡粉炒匀，倒入水淀粉，炒至食材熟透，盛出装入盘中即成。

干煸鱿鱼丝

难易度：★★★ ⏱2分钟 🍴益气补血

◎ **原料** 鱿鱼200克，猪肉300克，青椒30克，红椒30克，蒜末、干辣椒、葱花各少许

◎ **调料** 盐3克，鸡粉3克，料酒8毫升，生抽5毫升，辣椒油5毫升，豆瓣酱10克，食用油适量

◎ **做法**

1.锅中注水烧开，放入猪肉，煮10分钟，捞出。2.洗净的青椒切圈，洗好的红椒切圈，猪肉切条，处理好的鱿鱼切条。3.将鱿鱼装入碗中，放盐、鸡粉、料酒腌渍入味。4.锅中注水烧开，倒入鱿鱼丝，煮至变色，捞出。5.用油起锅，倒入猪肉条，淋入生抽，炒匀，倒入干辣椒、蒜末，加入豆瓣酱，炒匀，加入红椒、青椒，放入鱿鱼丝，放入盐、鸡粉，淋入辣椒油，倒入葱花，炒匀即可。

炸鱿鱼圈

难易度：★★☆ ⏱2分钟 🍴益气补血

◎ **原料** 鱿鱼120克，鸡蛋1个，炸粉100克

◎ **调料** 盐2克，生粉10克，料酒8毫升，番茄酱、食用油各适量

◎ **做法**

1.将鱿鱼肉切圈；鸡蛋打开，取蛋黄，装入碗中，加生粉搅匀。2.锅中注水烧开，放入料酒，倒入鱿鱼圈，汆至变色，捞出，用毛巾吸干水分，放入碗中，加入蛋液、盐、炸粉裹匀，装盘待用。3.热锅注油，放入鱿鱼圈，炸至金黄色，捞出装盘，挤上番茄酱即可。

三文鱼

牛油果三文鱼芒果沙拉

难易度：★★☆　⊙5分钟　❀提高免疫力

◎ **原料** 三文鱼肉260克，牛油果100克，芒果300克，柠檬30克

◎ **调料** 沙拉酱、柠檬汁各适量

◎ **做法**

1.牛油果去皮切丁。2.芒果去皮切小丁块。3.三文鱼切薄片，把余下的鱼肉切小丁块。4.柠檬切开，部分切薄片，留小块。5.取一个盘子，放入牛油果片，挤入沙拉酱，放入牛油果丁，摊平，挤上一层沙拉酱。6.放入芒果片，挤上沙拉酱，放入芒果丁，盖上三文鱼肉片，摆盘，放上柠檬片，挤上柠檬汁即可。

TIPS

　　将三文鱼放入冰箱中低温急冻后再切片，这样更容易切成片。在操作过程中，三文鱼块一定要轻放，否则三文鱼薄片容易碎裂。

蔬菜三文鱼粥

难易度：★★☆ ⏱40分钟 🍴补虚健体

◎ **原料** 三文鱼120克，胡萝卜50克，芹菜20克

◎ **调料** 盐3克，鸡粉3克，水淀粉3克，食用油适量

◎ **做法**

1.将洗净的芹菜切粒，去皮洗好的胡萝卜切粒。2.将洗好的三文鱼切成片，装入碗中，放入盐、鸡粉、水淀粉，拌匀，腌渍15分钟。3.砂锅注入清水烧开，倒入水发大米，加食用油，煲30分钟至大米熟透，倒入胡萝卜粒，煮5分钟至食材熟烂，加入三文鱼、芹菜，拌匀，加盐、鸡粉，拌匀，把煮好的粥盛出，装入汤碗中即可。

三文鱼豆腐汤

难易度：★★☆ ⏱30分钟 🍴补脾益气

◎ **原料** 三文鱼100克，豆腐240克，莴笋叶100克，姜片、葱花各少许

◎ **调料** 盐3克，鸡粉3克，水淀粉3毫升，胡椒粉、食用油各适量

◎ **做法**

1.洗净的莴笋叶切段，洗好的豆腐切小方块，处理好的三文鱼切片。2.把鱼片装入碗中，加盐、鸡粉、水淀粉、油腌渍入味。3.锅中注水烧开，倒入适量食用油，加入少许盐、鸡粉，倒入豆腐块，搅匀，煮沸，放入胡椒粉、姜片，倒入莴笋叶，放入三文鱼，搅匀，煮熟，拌至食材入味，将汤料盛出装碗，撒上葱花即可。

苹果

菠萝苹果汁

难易度：★☆☆ ⏱1分钟 🍽健脾益胃

◉ **原料** 菠萝150克，苹果100克

◉ **做法**

1.将洗净去皮的菠萝切小块。2.洗好的苹果切瓣，去核，切成小块，备用。3.取榨汁机，选择搅拌刀座组合，倒入切好的菠萝、苹果。4.加入适量矿泉水。5.盖上榨汁机盖，选择"榨汁"功能，榨取水果汁，把榨好的果汁倒入杯中即可。

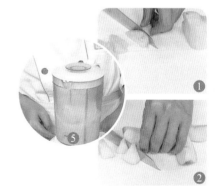

TIPS

菠萝榨汁前可用盐水浸泡一会儿，能去除其涩味。

草莓苹果沙拉

难易度：★☆☆ ◯1分钟 ▦开胃消食

◎ **原料** 草莓90克，苹果90克

◎ **调料** 沙拉酱10克

◎ **做法**

1.洗好的草莓去蒂，切小块，洗净的苹果去核，切小块。2.把食材装入碗中，加入沙拉酱，搅拌一会儿，至其入味。3.将拌好的水果沙拉盛出，装入盘中即可。

TIPS

草莓先用温水泡一会儿再冲洗，能更好地清除表面的杂质。

熘苹果

难易度：★☆☆ ◯10分钟 ▦开胃生津

◎ **原料** 苹果1个，蛋液85毫升，熟芝麻少许

◎ **调料** 白糖6克，水淀粉、生粉、油各适量

◎ **做法**

1.把去皮洗净的苹果切片；将蛋液倒入碗中，撒上生粉，制成蛋糊。2.另取一个碗，倒入苹果，放入蛋糊，撒上生粉，制成苹果面糊；热锅注油，放入苹果面糊，炸至呈金黄色，捞出。3.锅底留油，注入清水，撒上白糖，煮至糖分完全溶化，倒入水淀粉，制成稠汁，放入刚炸好的苹果，炒片刻，盛出装盘，撒上熟芝麻即成。

香蕉

吉利香蕉虾枣

难易度：★★☆　◎ 5分钟　增强免疫力

◎ 原料　虾胶100克，香蕉1根，鸡蛋1个，面包屑200克

◎ 调料　生粉、食用油各适量

◎ 做法

1. 将鸡蛋打开，取出蛋黄，放在碗中，打散、调匀。
2. 香蕉切成约2厘米长的段。 3. 去除果皮，将果肉蘸上少许生粉，装在盘中，取虾胶，挤成小虾丸，蘸裹上生粉，放在盘中，把香蕉果肉塞入小虾丸中，再逐一滚上蛋黄、面包屑，搓成红枣状，制成虾枣生坯。
4. 热锅注入适量食用油。 5. 放入虾枣生坯，拌匀，炸至生坯熟透。 6. 捞出虾枣装盘即成。

TIPS

将虾胶搅拌至起筋后再制作成虾丸，这样不但制作虾枣生坯时更容易，而且其肉质也更有韧劲。

香蕉猕猴桃汁

难易度：★☆☆ 1分钟 健脾消食

◎ 原料 香蕉150克，猕猴桃100克，柠檬70克

◎ 做法

1.香蕉去除果皮，把果肉切小块；洗净去皮的猕猴桃切小块。2.取榨汁机，选择搅拌刀座组合，倒入切好的水果，注入少许矿泉水，盖上盖子，选择"榨汁"功能，使食材析出果汁。3.揭开盖，取柠檬，挤入柠檬汁，盖上盖，再次选择"榨汁"功能，搅拌片刻，倒出榨好的果汁，装入杯中即成。

冰糖蒸香蕉

难易度：★☆☆ 8分钟 补益脾气

◎ 原料 香蕉120克

◎ 调料 冰糖30克

◎ 做法

1.将洗净的香蕉剥去果皮，用斜刀切片。2.将香蕉片放入蒸盘中摆好，撒上冰糖。3.蒸锅注水烧开，把蒸盘放在蒸锅里，煮7分钟，取出蒸好的食材即可。

TIPS

做这道甜品，应选用肥大饱满、没有黑斑的香蕉。

狝猴桃

酸甜狝猴桃橙汁

难易度：★☆☆ ⏱2分钟 🍲清热生津

◎ **原料** 狝猴桃80克，橙子90克

◎ **调料** 蜂蜜10毫升

◎ **做法**

1.洗净的橙子去皮，切小块。2.洗好的狝猴桃去皮，去除硬芯，切小块。3.取榨汁机，倒入狝猴桃、橙子，加入矿泉水。4.选择"榨汁"功能，榨取果汁，放入蜂蜜。5.再次选择"榨汁"功能，拌匀，把搅拌匀的果汁倒入杯中即可。

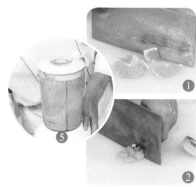

TIPS

夏天饮用此饮品时，还可加入少许冰块，可使果汁冰凉爽口，透心凉。

猕猴桃银耳羹

难易度：★★☆ ◎12分钟 健脾益胃

◎ **原料** 猕猴桃70克，水发银耳100克

◎ **调料** 冰糖20克，小苏打适量

◎ **做法**

1.泡发好的银耳切去黄色根部，切小块，洗净去皮的猕猴桃切片。2.锅中注入清水烧开，加入小苏打，倒入银耳，拌匀，煮沸，捞出，沥干水分。3.砂锅中注入清水烧开，放入银耳，煮10分钟，放入猕猴桃，拌匀，加入冰糖，煮至溶化，盛出煮好的甜汤，装入碗中即可。

TIPS

猕猴桃不宜煮得太久，以免影响成品的口感。

猕猴桃炒虾球

难易度：★★☆ ◎15分钟 补中益气

◎ **原料** 猕猴桃60克，鸡蛋1个，胡萝卜70克，虾仁75克

◎ **调料** 盐4克，水淀粉、食用油各适量

◎ **做法**

1.猕猴桃、胡萝卜切丁，虾仁处理好装碗，加盐、水淀粉，腌渍入味。2.鸡蛋打入碗中，加盐、水淀粉调匀；胡萝卜焯水，捞出；虾仁下油锅炸至转色，捞出；蛋液炒好，盛出。3.用油起锅，倒入胡萝卜、虾仁、鸡蛋炒匀，加盐、猕猴桃炒匀，倒入水淀粉炒入味即可。

橙子

橙香萝卜丝

难易度：★★☆　◎2分钟　清肠利便

◎**原料** 白萝卜160克，浓缩橙汁50毫升

◎**调料** 白糖3克，盐少许

◎**做法**

1.将洗净的白萝卜切细丝。2.锅中注入适量清水烧开，加适量盐。3.倒入切好的萝卜丝，拌匀，煮半分钟至其断生。4.捞出焯煮好的萝卜丝，沥干水分，把焯过水的萝卜丝放入碗中，加入少许白糖。5.倒入适量橙汁。6.搅拌均匀，至白糖完全溶化，取一个干净的盘子，把拌匀的萝卜丝盛入盘中即可。

TIPS

切好的白萝卜丝可先用盐腌渍一会儿再焯水，这样既能去除辣味，又保持了其爽脆的口感。

菠萝甜橙汁

难易度：★☆☆ ◎2分钟 ⚏补脾益气

◉ **原料** 菠萝肉100克，橙子150克

◉ **做法**

1.将处理好的菠萝切小块，洗净的橙子去除果皮，将果肉切小块。2.取榨汁机，倒入菠萝、橙子，倒入纯净水。3.选择"榨汁"功能，榨取果汁，将榨好的果汁倒入杯中即可。

TIPS
果汁倒入杯中后可以将表面的浮沫撇去，这样口感会更好。

盐蒸橙子

难易度：★☆☆ ◎15分钟 ⚏养心润肺

◉ **原料** 橙子160克

◉ **调料** 盐少许

◉ **做法**

1.洗净的橙子切去顶部，在果肉上插数个小孔。2.撒上盐，静置约5分钟，蒸锅上火烧开，放入橙子。3.蒸约8分钟至橙子熟透，取出蒸好的橙子，放凉后切小块，取出果肉，装入小碗中，淋入蒸碗中的汤水即可。

TIPS
空腹时不宜食用橙子，会刺激胃黏膜，对胃不利。

核桃仁

核桃杏仁豆浆

难易度 ★★☆ | 16分钟 | 增强免疫力

◎ **原料** 水发黄豆80克，核桃仁、杏仁各25克

◎ **调料** 冰糖20克

◎ **做法**

1.将已浸泡8小时的黄豆倒入碗中。2.加入清水，洗干净。3.放入滤网，沥干水分。4.把黄豆、核桃仁、杏仁、冰糖倒入豆浆机中，注入清水，选择"五谷"程序，运转约15分钟，即成豆浆。5.把煮好的豆浆倒入滤网，滤取豆浆，将豆浆倒入碗中，待稍微放凉后即可饮用。

TIPS

最好将豆浆多过滤一次，这样能使豆浆更佳。

韭菜炒核桃仁

难易度：★★☆ 　10分钟 　开胃消食

◎ **原料** 韭菜200克，核桃仁40克，彩椒30克

◎ **调料** 盐3克，鸡粉2克，食用油适量

◎ **做法**

1.将洗净的韭菜切成段，洗好的彩椒切成粗丝。2.锅中注入适量清水烧开，加入少许盐，倒入备好的核桃仁，搅匀，煮约半分钟，至其入味后捞出，沥干水分，用油起锅，倒入煮好的核桃仁，略炸片刻，至水分全干，捞出，沥干油。3.锅底留油烧热，倒入彩椒丝，放入切好的韭菜，翻炒几下，至其断生，加入少许盐、鸡粉，炒匀调味，再放入炸好的核桃仁，快速翻炒一会儿，至食材入味，盛出炒好的食材，装入盘中即成。

核桃枸杞肉丁

难易度：★★★ 　2分钟 　补益脾气

◎ **原料** 核桃仁40克，瘦肉120克，枸杞5克，姜片、蒜末、葱段各少许

◎ **调料** 盐、鸡粉各少许，小苏打2克，料酒4毫升，水淀粉、食用油各适量

◎ **做法**

1.瘦肉切丁，加盐、鸡粉、水淀粉、油腌渍入味。2.锅中注水烧开，加小苏打、核桃仁煮片刻，捞出。3.热锅注油，倒入核桃仁，炸香捞出。4.锅留底油，放入姜、蒜、葱、瘦肉、料酒、枸杞、盐、鸡粉、核桃仁炒匀即可。

牛奶

牛奶鲫鱼汤

难易度：★★☆　⏱7分钟　🍲宽中理气

◎ **原料** 净鲫鱼400克，豆腐200克，牛奶90毫升，姜丝、葱花各少许

◎ **调料** 盐2克，鸡粉少许

◎ **做法**

1. 洗净的豆腐切小方块。2. 用油起锅，放入鲫鱼，用小火煎至散出香味。3. 翻转鱼身，再煎至两面断生，盛出。4. 锅中注水烧开。5. 撒上姜丝，放入鲫鱼，加入鸡粉、盐，煮约3分钟，至鱼肉熟软。6. 揭开锅盖，放入豆腐块，再倒入牛奶，拌匀，煮约2分钟，盛出煮好的鲫鱼汤装入汤碗中，撒上葱花即成。

TIPS

煎鱼前，可用姜片擦锅，因为这样可以防止鱼皮粘锅。倒入牛奶后不宜用大火煮，以免降低其营养价值。

牛奶桂圆燕麦西米粥

难易度：★☆☆ ⏱32分钟 🍲宽中理气

◎ **原料** 燕麦50克，西米60克，桂圆肉25克，牛奶200毫升

◎ **调料** 白糖25克

◎ **做法**

1. 锅中注入清水烧开，放入燕麦、西米、桂圆肉，拌匀。2. 煮30分钟至食材熟透，倒入牛奶，搅拌匀，煮沸，加入白糖。3. 煮至溶化，盛出装入碗中即可。

TIPS
清水要一次性加足，中途不能再加水。

花生牛奶豆浆

难易度：★☆☆ ⏱17分钟 🍲益脾健胃

◎ **原料** 花生米30克，水发黄豆50克，牛奶100毫升

◎ **做法**

1. 将花生倒入碗中，再放入已浸泡8小时的黄豆，加入清水洗净，倒入滤网，沥干水分。2. 把黄豆、花生倒入豆浆机中，注入清水，选择"五谷"程序，运转约15分钟，即成豆浆。3. 把豆浆倒入滤网，滤取豆浆，倒入杯中，撇去浮沫即可。

TIPS
此豆浆要少加水，以免冲淡牛奶的鲜味。

鸡蛋

小米鸡蛋粥

难易度：★★☆ ⏱23分钟 💪增强免疫力

◎ **原料** 小米300克，鸡蛋40克

◎ **调料** 盐、食用油各少许

◎ **做法**

1.砂锅中注入适量的清水大火烧热。2.倒入备好的小米，搅拌片刻。3.盖上锅盖，烧开后转小火煮20分钟至熟软。4.掀开锅盖，加入少许盐、食用油，搅匀调味。5.打入鸡蛋，小火煮2分钟。6.关火，将煮好的粥盛出装入碗中即可。

TIPS

煮好的小米鸡蛋粥可以用锅盖盖着焖一会儿，味道会更加好，口感更浓稠。

蛤蜊鸡蛋饼

难易度：★★☆ ◎3分钟 🍴开胃消食

◎ **原料** 蛤蜊肉80克，鸡蛋2个，葱花少许

◎ **调料** 盐2克，鸡粉2克，水淀粉5毫升，芝麻油2毫升，胡椒粉少许，油适量

◎ **做法**

1.鸡蛋打入碗中，放入盐、鸡粉，打撒、调匀。2.放入洗净的蛤蜊肉，加入葱花、胡椒粉、芝麻油、水淀粉，用筷子调匀。3.锅中注入适量食用油烧热，倒入部分蛋液，盛出炒好的鸡蛋，放入原来的蛋液中，混合均匀。4.煎锅注油，倒入混合好的蛋液，摊开，煎至成形，将蛋饼翻面，煎至金黄色，把蛋饼取出，再切成扇形块，把切好的蛋饼装入盘中即可。

佛手瓜炒鸡蛋

难易度：★★☆ ◎2分钟 🍴清热解毒

◎ **原料** 佛手瓜100克，鸡蛋2个，葱花少许

◎ **调料** 盐4克，鸡粉3克，食用油适量

◎ **做法**

1.洗净去皮的佛手瓜去核，切片，鸡蛋打入碗中，加入盐、鸡粉搅匀。2.锅中注水烧开，放入盐，淋入油，倒入佛手瓜，煮1分钟至其八成熟，捞出。3.用油起锅，倒入蛋液，炒匀，倒入佛手瓜，加入盐、鸡粉，炒匀，倒入葱花，炒香即可。

TIPS

鸡蛋炒至稍微凝固时就可倒进佛手瓜，放太晚鸡蛋容易炒老。

豆腐

小墨鱼豆腐汤

难易度：★★☆ ⏱ 3分钟 🛡 保护视力

◎ **原料** 豆腐250克，小墨鱼150克，香菜、葱段、姜片各少许

◎ **调料** 盐2克，鸡粉2克，料酒8毫升

◎ **做法**

1.洗净的豆腐切小块。2.锅中注入适量清水，用大火烧开，倒入小墨鱼，淋入少许料酒，搅匀。3.将余煮好的墨鱼捞出，沥干水分，待用。4.锅中倒入适量清水烧开，倒入小墨鱼，再放入姜片、葱段，倒入豆腐块。5.加入少许盐、鸡粉搅匀调味，放入香菜，略煮一会儿。6.将煮好的汤料盛出，装入碗中即可。

TIPS

要将墨鱼仔破开，将里面的小硬壳掏出，取出内脏和头后，将墨鱼仔内壁中的黑膜撕下来才能加工烹饪食用。

玉米拌豆腐

难易度：★☆☆ ◎31分钟 ▥美容养颜

◎ **原料** 玉米粒150克，豆腐200克

◎ **调料** 白糖3克

◎ **做法**

1.洗净的豆腐切成丁。2.蒸锅注水烧开，放入装有玉米粒和豆腐丁的盘子，盖上锅盖，用大火蒸30分钟至熟透。3.揭开锅盖，关火后取出蒸好的食材。4.备一盘，放入蒸玉米粒、豆腐，趁热撒上白糖即可。

TIPS

如果觉得菜品味道太单调，可挤上一些沙拉酱，口感会更好。

芋头豆腐汤

难易度：★★☆ ◎4分钟 ▥增强免疫力

◎ **原料** 芋头120克，豆腐180克，菠菜叶少许

◎ **调料** 盐2克

◎ **做法**

1.洗净的豆腐切小方块；洗好的芋头切成丁，备用。2.锅中注入适量清水烧开，倒入切好的芋头、豆腐，搅拌匀，用中火略煮。3.加少许盐，拌匀调味，放入洗净的菠菜叶，拌匀，拌煮至断生即可。

TIPS

烹饪汤前，豆腐可以先焯水，以去除豆腥味。

蔬菜浇汁豆腐

难易度：★★☆ ⏱12分钟 👁保护视力

◎ **原料** 豆腐170克，白菜35克，胡萝卜20克，洋葱15克，鸡汤300毫升

◎ **调料** 食用油适量

◎ **做法**

1.洗净的豆腐切薄片；洗好的洋葱、胡萝卜切成粒；洗好的白菜切丁。2.取一蒸盘，放入豆腐，修齐边缘，待用。3.蒸锅上火烧开，放入蒸盘，蒸至熟透，取出。4.煎锅置于火上烧热，注入少许油，倒入洋葱、胡萝卜炒匀，放入白菜，炒至熟软，注入鸡汤，用大火略煮。5.盛出味汁，浇在豆腐上即可。

TIPS

鸡汤有咸味，因此可以少放盐或不放盐。

Part 3

孕早期营养餐

　　刚刚怀孕的前几个月，有一个小生命在自己身体内"萌芽"啦，孕妈妈一定既欣喜又紧张。但这时的孕妈妈还没有任何明显的身体反应，胎宝宝也还像个拖着尾巴的小鱼。这些都让刚刚转换身份的"准妈妈"对在饮食和生活中需要注意的问题一头雾水。别担心，本节就专门为孕早期的准妈妈们详细解答这些问题。

卷心菜

猪心炒卷心菜

难易度：★★☆　◎10分钟　滋阴补肾

◎**原料** 猪心200克，卷心菜200克，彩椒50克，蒜片、姜片各少许

◎**调料** 盐4克，鸡粉3克，蚝油5克，料酒6毫升，生抽4毫升，生粉、食用油各适量

◎**做法**

1.将洗净的彩椒切丝；卷心菜撕成小块；洗净的猪心切成片。2.把猪心装入碗中，加盐、鸡粉、料酒、生粉腌渍入味；锅中注水烧开，加盐、油，放入卷心菜，煮至其七八成熟，捞出。3.把猪心倒入沸水锅中，氽至变色，捞出。4.用油起锅，放入姜片、蒜片，倒入卷心菜、猪心，炒匀。5.加入彩椒、蚝油、生抽、盐、鸡粉炒匀，倒入水淀粉勾芡即可。

卷心菜肉末卷

难易度：★★★ ◎6分钟 ◎清热解毒

◎ **原料** 卷心菜600克，肉末130克，胡萝卜70克，香菇50克，姜片、蒜末、葱段各少许

◎ **调料** 盐、鸡粉各3克，料酒5毫升，生抽8毫升，水淀粉、芝麻油、油各适量

◎ **做法**

1.卷心菜摘叶洗净，焯水备用；胡萝卜洗净去皮切丁，香菇洗净切粒，焯水备用。

2.用油起锅，倒姜片、蒜末、葱段、肉末炒匀，淋生抽、料酒，倒香菇粒、胡萝卜粒翻炒，加盐、鸡粉、淋芝麻油炒匀装碗即成馅料。3.取一片卷心菜叶铺平，放馅料，包好裹紧，依此做完余下的卷心菜卷，摆盘。4.蒸锅上火烧开，放入蒸盘蒸至食材熟透，取出。5.另起锅，注油烧热，加清水、盐、鸡粉、生抽搅匀煮沸，放水淀粉拌匀制成味汁，浇入盘中即成。

胡萝卜丝炒卷心菜

难易度：★★☆ ◎3分钟 ◎和胃调中

◎ **原料** 胡萝卜150克，卷心菜200克，圆椒35克

◎ **调料** 盐、鸡粉各2克，食用油适量

◎ **做法**

1.洗净去皮的胡萝卜切片，改切成丝，洗好的圆椒切细丝，洗净的卷心菜切去根部，再切粗丝，备用。2.用油起锅，倒入胡萝卜，炒匀，放入卷心菜、圆椒，炒匀。3.注入少许清水，炒至食材断生，加入少许盐、鸡粉，炒匀调味，盛出炒好的菜肴即可。

芥蓝

姜汁芥蓝烧豆腐

难易度：★★☆ 🕐2分钟 🍲养胃生津

◎ **原料** 芥蓝300克，豆腐200克，姜汁40毫升，蒜末、葱花各少许

◎ **调料** 盐4克，鸡粉4克，生抽3毫升，老抽2毫升，蚝油8克，水淀粉8毫升，食用油适量

◎ **做法**

1.芥蓝去除多余的叶子，梗切段；豆腐切小块。2.芥蓝梗焯水捞出；煎锅注油烧热，加盐，放入豆腐块，煎至金黄色，取出装盘。3.用油起锅，放入蒜末，加清水、盐、鸡粉、生抽、老抽、蚝油拌匀，煮沸，淋入水淀粉勾芡，浇在豆腐和芥蓝上，撒上葱花即成。

TIPS

切芥蓝时，可以用刀在芥蓝梗上划上小口，这样能更易入味。煎豆腐时要轻轻地翻动，以免豆腐破碎。

枸杞拌芥蓝梗

难易度：★★☆ ⏱4分钟 🍲润肠通便

◎ **原料** 芥蓝梗85克，熟黄豆60克，枸杞10克，姜末、蒜末各少许

◎ **调料** 盐2克，鸡粉2克，生抽3毫升，芝麻油、辣椒油各少许，食用油适量

◎ **做法**

1.将洗净的芥蓝梗去皮，切丁。2.锅中倒入清水烧开，放入食用油、盐，倒入芥蓝梗，搅拌，煮1分钟，加入枸杞，煮片刻至芥蓝梗断生，捞出，沥干水分。3.将熟黄豆放入碗中，加入姜末、蒜末，放入盐、鸡粉，淋入生抽、芝麻油，拌匀，加入辣椒油，拌几下至食材入味，将拌好的食材装入盘中即可。

芥蓝炒冬瓜

难易度：★★☆ ⏱5分钟 🍲润肠通便

◎ **原料** 芥蓝80克，冬瓜100克，胡萝卜40克，木耳35克，姜片、蒜末、葱段各少许

◎ **调料** 盐4克，鸡粉2克，料酒4毫升，水淀粉、食用油各适量

◎ **做法**

1.将洗净去皮的胡萝卜切成片，洗好的木耳切成片，去皮洗好的冬瓜切成片，洗净的芥蓝切成段。2.锅中注水烧开，放入油、盐，放入胡萝卜、木耳，煮半分钟，倒入芥蓝，搅匀，再放入冬瓜，煮1分钟，捞出。3.用油起锅，放入姜片、蒜末、葱段，倒入焯好的食材，放入盐、鸡粉，淋入料酒，倒入水淀粉炒匀即可。

西红柿

西红柿肉盏

难易度：★★★ **⏱4分钟** **🍽开胃消食**

◎ **原料** 西红柿140克，肉末120克，蛋液40克，口蘑、葱段各少许

◎ **调料** 盐2克，鸡粉2克，料酒3毫升，生抽3毫升，食用油适量

◎ **做法**

1. 洗净的口蘑切粒状，洗好的葱段切末，洗净的西红柿掏空中间的果肉，制成西红柿盅，把西红柿果肉切碎。2. 用油起锅，倒入口蘑、葱段，倒入蛋液，加入肉末，炒至变色。3. 放入西红柿，淋入料酒，炒匀，加盐、鸡粉，淋入生抽。4. 盛出炒好的食材，即成馅料，取西红柿盅，盛入馅料，制成西红柿肉盏。5. 蒸锅上火烧开，放入西红柿肉盏，蒸约3分钟至熟即可。

西红柿炒洋葱

难易度：★★☆ ⏱2分钟 🈲增强免疫力

◎ 原料 西红柿100克，洋葱40克，蒜末、葱段各少许

◎ 调料 盐、鸡粉、水淀粉、食用油各适量

◎ 做法

1.将洗净的西红柿切小块，去皮洗净的洋葱切小片。2.用油起锅，倒入蒜末，放入洋葱片，倒入西红柿，翻炒片刻，加入盐，放入鸡粉，炒至食材断生。3.倒入水淀粉，炒至食材熟软，盛出炒好的食材，装入盘中，撒上葱段即成。

TIPS

水淀粉不宜加太多，以免菜肴的汁水过多，影响口感。

西红柿生鱼豆腐汤

难易度：★★☆ ⏱5分钟 🈲清热解毒

◎ 原料 生鱼块500克，西红柿100克，豆腐100克，姜片、葱花各少许

◎ 调料 盐3克，鸡粉3克，料酒10毫升，胡椒粉少许，食用油适量

◎ 做法

1.洗净的豆腐切块，洗好的西红柿切成瓣。2.用油起锅，放入姜片，倒入洗净的生鱼块，煎出香味，淋入料酒，加入适量开水。3.加入盐、鸡粉，倒入西红柿、豆腐，煮片刻，放入胡椒粉，拌匀；盛出装碗，撒上葱花即可。

西兰花

杏鲍菇扣西兰花

难易度：★★☆　◎2分钟　🍲和胃调中

◎ **原料** 杏鲍菇120克，西兰花300克，白芝麻、姜片、葱段各少许

◎ **调料** 盐5克，鸡粉2克，蚝油8克，陈醋6毫升，生抽5毫升，料酒10毫升，水淀粉5毫升，食用油适量

◎ **做法**

1.杏鲍菇切片；西兰花切小块。2.西兰花焯水捞出，摆放在盘子周边。3.杏鲍菇焯水，捞出。4.用油起锅，放入姜片、葱段。5.倒入杏鲍菇炒匀，加料酒、生抽、蚝油炒匀，倒入清水，加盐、鸡粉、陈醋炒匀。6.倒入水淀粉勾芡，装盘，撒上白芝麻即可。

TIPS

西兰花焯水的时间不宜太长，以免影响其脆嫩口感和破坏营养价值。

椰香西兰花

难易度：★★☆ ⏱3分钟 👫益脾健胃

◎ **原料** 西兰花200克，草菇100克，香肠120克，牛奶、椰浆各50毫升，胡萝卜片、姜片、葱段各少许

◎ **调料** 盐3克，鸡粉、水淀粉、油各适量

◎ **做法**

1.将洗净的西兰花切小朵；草菇对半切开；香肠用斜刀切片。2.锅中注水烧开，放入油、盐，倒入草菇、西兰花，煮至断生，捞出。3.用油起锅，放入胡萝卜片、姜片、葱段，放入香肠，倒入清水，收拢食材，放入焯煮过的食材，翻炒几下，倒入牛奶、椰浆，煮至沸腾后加盐、鸡粉，煮至食材熟透，倒入水淀粉勾芡即可。

猕猴桃西兰花青苹果汁

难易度：★★☆ ⏱2分钟 👫健脾消食

◎ **原料** 猕猴桃80克，青苹果100克，西兰花80克

◎ **调料** 蜂蜜10克

◎ **做法**

1.洗好去皮的青苹果去核，切小块，洗净去皮的猕猴桃切小块，洗好的西兰花切小块。2.锅中注入清水烧开，倒入西兰花，拌匀，煮1分钟至断生，捞出，沥干水分。3.取榨汁机，将食材倒入备好的食材，加入纯净水，选定择"榨汁"功能，榨取蔬果汁，加入蜂蜜，拌匀，将榨好的蔬果蔬汁倒入杯中，即可饮用。

扁豆

扁豆丝炒豆腐干

难易度：★★★ ⏱2分钟 ❖增强免疫力

◎ **原料** 豆腐干100克，扁豆120克，红椒20克，姜片、蒜末、葱白各少许

◎ **调料** 盐3克，鸡粉2克，水淀粉、食用油各适量

◎ **做法**

1.洗净的豆腐干切丝，把摘洗好的扁豆切丝，洗净的红椒去籽，切丝。2.锅中注入清水烧热，放入盐、食用油，倒入扁豆，搅匀，煮约1分钟，至其八成熟后捞出，沥干水分。3.热锅注油烧热，倒入豆腐干，搅匀，炸约半分钟，捞出，沥干油。4.用油起锅，放入姜片、蒜末、葱白。5.倒入扁豆丝，放入豆腐干，炒片刻，加入盐、鸡粉，倒入红椒丝，倒入水淀粉，炒至食材熟透，盛出炒好的材料，装在盘中即成。

西红柿炒扁豆

难易度：★★☆ ⏱2分钟 润肠通便

◎ 原料 西红柿90克，扁豆100克，蒜末、葱段各少许

◎ 调料 盐、鸡粉各2克，料酒4毫升，水淀粉、食用油各适量

◎ 做法

1.洗净的西红柿切小块。2.锅中注水烧开，放油、盐，倒入摘洗干净的扁豆，煮片刻，捞出。3.用油起锅，放入蒜末、葱段，倒入西红柿，炒至析出汁水，放入扁豆，淋入料酒，炒匀，注入清水，加入盐、鸡粉，炒匀，倒入水淀粉勾芡即可。

TIPS

注入的清水不宜过多，以免稀释菜肴的味道，影响口感。

冬菇拌扁豆

难易度：★★☆ ⏱3分钟 和胃调中

◎ 原料 鲜香菇60克，扁豆100克

◎ 调料 盐4克，鸡粉4克，芝麻油4毫升，白醋、食用油各适量

◎ 做法

1.锅中注水烧开，加盐、油，放入洗净的扁豆，煮片刻，捞出；倒入香菇，煮片刻，捞出。2.把香菇切长条，扁豆切长条。3.把香菇装入碗中，加盐、鸡粉、芝麻油拌匀；将扁豆装入碗中，加盐、鸡粉、白醋、芝麻油拌匀，将拌好的扁豆装入盘中，再放上香菇即可。

莲藕

莲藕炖鸡

难易度：★★☆　🕐17分钟　🍴温中益气

◎ **原料** 莲藕80克，鸡肉180克，姜末、蒜末、葱花各少许

◎ **调料** 盐3克，鸡粉2克，生抽、料酒各6毫升，白醋10毫升，水淀粉、食用油各适量

◎ **做法**

1.莲藕切丁；鸡肉斩小块。2.鸡块装碗，加盐、鸡粉、生抽、料酒，腌渍入味。3.莲藕丁焯水捞出。4.用油起锅，倒入姜、蒜爆香。5.放入鸡块，炒至转色，加生抽、料酒、藕丁，注入水，加盐、鸡粉焖熟。6.大火收汁，加水淀粉勾芡，撒上葱花即成。

TIPS

取下锅盖后，要将锅里的浮沫撇去，可以使汤汁的味道更醇厚。鸡肉不宜炖得太久，以免肉质会变老。

糖醋藕片

难易度：★★☆ | 2分钟 | 开胃消食

◎ **原料** 莲藕350克，葱花少许

◎ **调料** 白糖20克，盐2克，白醋5毫升，番茄汁10毫升，水淀粉4克，白醋5毫升，食用油适量

◎ **做法**

1.将洗净去皮的莲藕切片。2.锅中注水烧开，倒入白醋，放入藕片，煮2分钟至八成熟，捞出。3.用油起锅，注入清水，放入白糖、盐、白醋，加入番茄汁，拌匀，煮至白糖溶化，倒入水淀粉勾芡，放入藕片，翻炒均匀，将炒好的藕片盛出，装盘即可食用。

芦笋炒莲藕

难易度：★★☆ | 2分钟 | 清热解毒

◎ **原料** 芦笋100克，莲藕160克，胡萝卜45克，蒜末、葱段各少许

◎ **调料** 盐3克，鸡粉2克，水淀粉3毫升，食用油适量

◎ **做法**

1.将洗净的芦笋去皮，切段，洗好去皮的莲藕切丁，洗净的胡萝卜去皮，切丁。2.锅中注入清水烧开，加盐，放入藕丁，放入胡萝卜，搅匀，煮1分钟至八成熟，捞出。3.用油起锅，放入蒜末、葱段，放入芦笋，倒入藕丁和胡萝卜丁，炒匀，加入盐、鸡粉，倒入水淀粉，炒匀，把炒好的菜盛出，装入盘中即可。

口蘑

口蘑焖土豆

难易度：★★☆　⏱8分钟　📋通便解毒

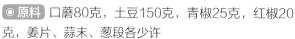

◎ **原料** 口蘑80克，土豆150克，青椒25克，红椒20克，姜片、蒜末、葱段各少许

◎ **调料** 盐3克，鸡粉2克，豆瓣酱8克，料酒、生抽、水淀粉、食用油各适量

◎ **做法**

1. 将洗净的口蘑切片；洗好的青椒、红椒去籽，切小块；洗净去皮的土豆切丁。2. 锅中注水烧开，加入盐，倒入土豆丁、口蘑，煮至食材断生，捞出。3. 用油起锅，放入姜片、蒜末。4. 倒入土豆和口蘑，炒匀，加入料酒、生抽、豆瓣酱、盐、鸡粉，注入清水，拌匀，焖5分钟至食材熟透。5. 放入青椒、红椒，倒入水淀粉勾芡，炒匀，放入葱段即成。

口蘑烧白菜

难易度：★★☆ ⏲2分钟 🍲宽肠通便

◎ **原料** 口蘑90克，大白菜120克，红椒40克，姜片、蒜末、葱段各少许

◎ **调料** 盐3克，鸡粉2克，生抽2毫升，料酒4毫升，水淀粉、食用油各适量

◎ **做法**

1.将洗净的口蘑切成片，洗好的大白菜切成小块，洗净的红椒切小块。2.锅中注入清水烧开，加入鸡粉、盐，倒入口蘑，煮约1分钟，倒入大白菜、红椒，搅匀，续煮约半分钟，至全部食材断生后捞出，沥干水分。3.用油起锅，放入姜片、蒜末、葱段，倒入食材，炒匀，淋入料酒，加入鸡粉、盐，倒入生抽，倒入水淀粉，炒至食材熟透，盛出炒好的食材，装在盘中即可食用。

胡萝卜炒口蘑

难易度：★★☆ ⏲2分钟 🍲宽中理气

◎ **原料** 胡萝卜120克，口蘑100克，姜片、蒜末、葱段各少许

◎ **调料** 盐、鸡粉各2克，料酒3毫升，生抽4毫升，水淀粉、食用油各适量

◎ **做法**

1.将洗净的口蘑切片；洗净去皮的胡萝卜切片。2.锅中注水烧开，放盐、油，倒入胡萝卜片、口蘑，煮至食材断生，捞出。3.用油起锅，放入姜片、蒜末、葱段，倒入食材，淋入料酒、生抽，炒香，加盐、鸡粉、水淀粉炒匀即成。

杏鲍菇

鱼香杏鲍菇

难易度：★★☆　⏲2分钟　🍲补益脾气

◎ **原料** 杏鲍菇200克，红椒35克，姜片、蒜末、葱段各少许

◎ **调料** 豆瓣酱4克，盐3克，鸡粉2克，生抽2毫升，料酒3毫升，陈醋5毫升，水淀粉、食用油各适量

◎ **做法**

1. 杏鲍菇洗净切粗丝，红椒切细丝。2. 锅中注水烧开，放入盐。3. 倒入杏鲍菇，煮至断生，捞出。4. 用油起锅，放入姜片、蒜末、葱段。5. 倒入红椒丝、杏鲍菇炒匀，加料酒、豆瓣酱、生抽、盐、鸡粉，炒至食材熟透。6. 淋入陈醋，用水淀粉勾芡即成。

TIPS

鱼香味的菜最好选用浓厚纯正的陈醋，白醋味淡色轻，不宜选用。

酱焖杏鲍菇

难易度：★★☆　⏱3分钟　💪提高免疫力

◎ **原料** 杏鲍菇90克，姜末、蒜末、葱段各少许

◎ **调料** 盐3克，鸡粉4克，料酒5毫升，黄豆酱8克，老抽2毫升，水淀粉、油各适量

◎ **做法**

1.将洗净的杏鲍菇切片。2.锅中注入清水烧开，放入盐、鸡粉，倒入杏鲍菇，倒入料酒，煮2分钟至熟，捞出。3.用油起锅，放入姜末、蒜末、葱段，倒入杏鲍菇，炒匀，淋入料酒，放入黄豆酱，加水，放鸡粉，淋入老抽，炒匀，加入盐，倒入水淀粉，将焖煮好的杏鲍菇盛出，装入盘中即可。

杏鲍菇炒甜玉米

难易度：★★☆　⏱2分钟　💪补中益气

◎ **原料** 杏鲍菇100克，鲜玉米粒150克，胡萝卜50克，姜片、蒜末各少许

◎ **调料** 盐5克，鸡粉2克，白糖3克，料酒3毫升，水淀粉10毫升，食用油少许

◎ **做法**

1.把去皮洗净的胡萝卜切丁，洗净的杏鲍菇切成丁。2.锅中注水煮沸，放入盐、油，倒入杏鲍菇，煮片刻，倒入胡萝卜丁和洗好的玉米粒，煮至食材断生，捞出，沥干水分。3.用油起锅，倒入姜片、蒜末，放入食材，炒匀，淋上料酒，加入盐、鸡粉、白糖，水淀粉勾芡，炒至食材熟软，盛入盘中即成。

生姜

姜丝炒墨鱼须

难易度：★★★ ⏱2分钟 🍴开胃消食

◎ **原料** 墨鱼须150克，红椒30克，生姜35克，蒜末、葱段各少许

◎ **调料** 豆瓣酱8克，盐、鸡粉各2克，料酒5毫升，水淀粉、食用油各适量

◎ **做法**

1.洗净去皮的生姜切细丝，洗好的红椒去籽，切粗丝，洗净的墨鱼须切段。2.锅中注入清水烧开，倒入墨鱼须，淋入料酒，拌匀，煮约半分钟，捞出，沥干水分。3.用油起锅，放入蒜末，撒上红椒丝、姜丝。4.倒入墨鱼须，炒至肉质卷起，淋入料酒，放入豆瓣酱，炒片刻。5.加入盐、鸡粉，倒入水淀粉，炒至食材熟透，撒上葱段，盛出装在盘中即成。

嫩姜菠萝炒牛肉

难易度：★★☆　⏲20分钟　补脾益气

◎ **原料** 嫩姜100克，菠萝肉100克，红椒15克，牛肉180克，蒜末、葱段各少许

◎ **调料** 盐3克，鸡粉、小苏打、鸡粉各少许，番茄汁15毫升，料酒、水淀粉、食用油各适量

◎ **做法**

1.将洗净的嫩姜切片，洗好的红椒去籽，切小块，菠萝肉切小块，洗净的牛肉切片。2.把姜片装入碗中，加盐抓匀，腌渍片刻去除部分辣味，将牛肉片装入碗中，放小苏打、盐、鸡粉、水淀粉、油腌渍入味；锅中注水烧开，倒入姜片、菠萝、红椒，焯煮片刻，捞出。3.用油起锅，放入蒜末，倒入牛肉片，炒至转色，淋入料酒，放入材料炒匀，加入番茄汁，倒入水淀粉勾芡，盛出装盘，放入葱段即可。

姜丝红薯

难易度：★★☆　⏲2分钟　养心润肺

◎ **原料** 红薯130克，生姜30克

◎ **调料** 盐2克，鸡粉2克，水淀粉、油各适量

◎ **做法**

1.将洗净去皮的红薯切丝，洗好去皮的生姜切丝。2.锅中倒入清水烧开，放入红薯，搅拌一会儿，煮1分钟至其断生，捞出，沥干水分，装入碗中。3.用油起锅，放入姜丝，炒出香味，倒入红薯，炒片刻，加入盐、鸡粉，炒至红薯，倒入水淀粉，炒匀，将炒好的姜丝红薯盛出，装入盘中即成。

小米

小米南瓜粥

难易度：★☆☆　⏱46分钟　🍴健脾消食

◎ 原料　水发小米90克，南瓜110克，葱花少许

◎ 调料　盐2克，鸡粉2克

◎ 做法

1. 将洗净去皮的南瓜切粒。2. 锅中注入适量清水烧开，倒入洗好的小米。3. 盖上锅盖，煮至小米熟软。4. 揭开锅盖，倒入南瓜，拌匀。5. 盖上锅盖，煮至食材熟烂。6. 揭开锅盖，放入鸡粉、盐，搅匀，盛出煮好的粥，装入碗中，再撒上葱花即可。

TIPS

淘米时不要用手搓，忌长时间浸泡或用热水淘米。煮制此粥时要不时搅拌，以免材料粘锅。

小米豌豆杂粮饭

难易度：★☆☆ ◯61分钟 🔶开胃生津

◎ **原料** 糙米90克，燕麦80克，荞麦80克，豌豆100克

◎ **做法**

1.把杂粮倒入碗中，加入清水，放入豌豆，淘洗干净，倒掉碗中的水。2.把杂粮和豌豆装入另一个碗中，加入清水，放入烧开的蒸锅中。3.蒸至食材熟透，把蒸好的杂粮饭取出即可。

TIPS

荞麦和燕麦较硬，不易熟，最好提前浸泡至涨大。

榛子小米粥

难易度：★★☆ ◯42分钟 🔶暖中和胃

◎ **原料** 榛子45克，水发小米100克，水发大米150克

◎ **做法**

1.将榛子放入杵臼中，捣成碎末，将捣的榛子末倒入小碟子中。2.砂锅中注入清水烧开，倒入洗净的大米，放入洗好的小米，拌匀，煮至米粒熟透。3.盛出煮好的粥，装入碗中，放入备好的榛子碎末，待稍微放凉后即可食用。

TIPS

搅拌米粥时，一定要搅拌至锅底，以免米粒粘锅。

板栗

板栗豆浆

难易度：★☆☆ ⏱16分钟 ❖滋阴补肾

◎ **原料** 板栗100克，水发黄豆80克

◎ **调料** 白糖适量

◎ **做法**

1. 将洗净的板栗切小块，把已浸泡8小时的黄豆倒入碗中，加入清水，洗干净。2. 倒入滤网，沥干水分。3. 将黄豆、板栗倒入豆浆机中，加入清水，选择"五谷"程序，运转约15分钟，即成豆浆。4. 把煮好的豆浆倒入滤网，滤去豆渣。5. 将豆浆倒入碗中，加入白糖，拌均匀至其溶化即可。

TIPS

将板栗放在热水中泡1-2小时，能轻松地去除表皮。

红薯板栗排骨汤

难易度:★★☆ ◎ 47分钟 🍴补益脾气

◎ **原料** 红薯150克，排骨段350克，板栗肉60克，姜片少许

◎ **调料** 盐、鸡粉各2克，料酒5毫升

◎ **做法**

1.将洗净去皮的红薯切小块，洗净的板栗肉切块。2.锅中注入清水烧开，放入洗净的排骨段，搅匀，氽煮一会儿，捞出，沥干水分。3.砂锅中注入清水烧开，倒入排骨，放入板栗肉，撒上姜片，淋入料酒，煮约30分钟至食材熟软，倒入红薯块，煮约15分钟，至全部食材熟透，加入盐、鸡粉，搅匀，煮一小会儿；盛出煮好的排骨汤，装在汤碗中即成。

莴笋烧板栗

难易度:★★☆ ◎ 9分钟 🍴提高免疫力

◎ **原料** 莴笋200克，板栗100克，蒜末、葱段各少许

◎ **调料** 盐3克，鸡粉2克，蚝油7克，水淀粉、芝麻油、食用油各适量

◎ **做法**

1.莴笋洗净去皮切滚刀块。2.锅中注水烧开，加盐、油，倒入板栗、莴笋块，煮断生后捞出。3.用油起锅，放入蒜末、葱段、板栗、莴笋，放入蚝油炒匀，注入清水，加盐、鸡粉，煮至熟透，倒入水淀粉、芝麻油炒匀即成。

排骨

西红柿烧排骨

难易度：★★★　⊙20分钟　🈲清热解毒

◎ **原料** 西红柿90克，排骨350克，蒜末、葱花各少许

◎ **调料** 盐2克，白糖5克，番茄酱10克，生抽、料酒、水淀粉、食用油各适量

◎ **做法**

1. 将洗净的西红柿切小块。2. 锅中注入清水烧开，放入洗净的排骨，加入料酒，煮沸，氽去血水，捞出。3. 用油起锅，放入蒜末。4. 倒入排骨，炒匀，加料酒，倒入生抽，注入清水，放入番茄酱、盐、白糖，煮至排骨熟透。5. 放入西红柿，煮至熟。6. 倒入水淀粉，将焖煮好的材料盛出，装入盘中，撒上葱花即可。

TIPS

焖煮排骨时可以加入少许白醋则排骨更易熟，营养价值也更高。

洋葱排骨煲

难易度：★★★ 🕐12分钟 💪补脾益气

◎ **原料** 排骨300克，洋葱60克，胡萝卜80克，蒜末、葱花各少许

◎ **调料** 盐2克，白糖2克，生抽10毫升，料酒18毫升，水淀粉5毫升，食用油适量

◎ **做法**

1.去皮洗净的洋葱切块，洗好的胡萝卜切块。2.锅中注水烧开，放入排骨，淋入料酒煮沸，汆去血水，捞出。3.用油起锅，放入蒜末，倒入胡萝卜、排骨，炒匀，淋入生抽，倒入料酒，加入盐、白糖，倒入清水，焖至排骨熟软，放入洋葱，再焖片刻，加入老抽、水淀粉，炒匀，盛出装入砂煲中烧热，撒上葱花即可。

玉米笋焖排骨

难易度：★★☆ 🕐18分钟 💪健脾消食

◎ **原料** 排骨段270克，玉米笋200克，胡萝卜180克，姜片、葱段、蒜末各少许

◎ **调料** 盐3克，鸡粉2克，蚝油7克，生抽5毫升，料酒6毫升，水淀粉、油各适量

◎ **做法**

1.将洗净的玉米笋切段；胡萝卜切小块。2.锅中注水烧开，放入玉米笋、胡萝卜，拌煮至其断生后捞出；倒入排骨段，去除血渍，捞出。3.用油起锅，放入姜片、蒜末、葱段，倒入排骨段，炒干水汽，淋入料酒炒匀，加盐、鸡粉、蚝油、生抽，倒入玉米笋、胡萝卜炒匀，注入清水，煮至食材熟透，倒入水淀粉炒入味即可。

鸭肉

菠萝蜜炒鸭片

难易度：★★☆　⏱15分钟　👫补中益气

◎ **原料** 鸭肉270克，菠萝蜜120克，彩椒50克，姜片、蒜末、葱段各少许

◎ **调料** 盐3克，鸡粉2克，白糖2克，番茄酱5克，料酒10毫升，水淀粉3毫升，食用油适量

◎ **做法**

1. 将菠萝蜜果肉去核，切小块，洗好的彩椒去籽，切小块，处理好的鸭肉切块，切片。2. 将鸭肉装入碗中，放入盐、鸡粉、水淀粉，拌匀，倒入食用油，腌渍入味。3. 热锅注油，倒入鸭肉，滑油至变色，捞出，沥干油。4. 锅底留油，倒入姜片、蒜末、葱段，倒入彩椒、菠萝蜜，倒入鸭肉，炒匀，淋入料酒。5. 加入盐、白糖、番茄酱，炒匀即可。

鸭肉蔬菜萝卜卷

难易度：★★★ ⏱5分钟 💪增强免疫力

◎ **原料** 鸭肉140克，水发香菇45克，白萝卜100克，生菜65克

◎ **调料** 料酒8毫升，生抽3毫升，鸡粉2克，水淀粉10毫升，白糖3克，白醋12毫升，食用油适量

◎ **做法**

1.洗净的香菇去蒂，切细丝；洗好的生菜切丝；洗净去皮的白萝卜切薄片；处理干净的鸭肉切丝。2.将白萝卜装入碗中，加盐、白糖、白醋，腌渍至其变软，装入另一个碗中，加入生抽、料酒、水淀粉，腌渍片刻。3.用油起锅，倒入鸭肉、香菇炒匀，加入料酒、生抽、鸡粉、水淀粉炒匀，盛出装盘，制成馅料；取出萝卜片，放入馅料、生菜，卷成卷，依此制成数个蔬菜卷，装入盘中即可。

滑炒鸭丝

难易度：★★☆ ⏱2分钟 和胃调中

◎ **原料** 鸭肉160克，彩椒60克，香菜梗、姜末、蒜末、葱段各少许

◎ **调料** 盐3克，鸡粉1克，生抽4毫升，料酒4毫升，水淀粉、食用油各适量

◎ **做法**

1.彩椒切条；香菜梗切段；鸭肉切丝。2.鸭肉丝装碗，加生抽、料酒、盐、鸡粉、水淀粉、油腌渍入味。3.用油起锅，下入蒜、姜、葱、鸭肉，加料酒、生抽炒匀，下入彩椒，放盐、鸡粉、水淀粉勾芡，放入香菜段炒匀即可。

鳕鱼

四宝鳕鱼丁

难易度：★★★　⏱2分钟　💪温中补气

◎ **原料** 鳕鱼肉200克，胡萝卜150克，豌豆100克，玉米粒90克，鲜香菇50克，姜片、蒜末、葱段各少许

◎ **调料** 盐3克，鸡粉2克，料酒、水淀粉、油各适量

◎ **做法**

1.将胡萝卜、香菇、鳕鱼肉切丁。2.把鳕鱼丁装碗，放盐、鸡粉、水淀粉、油腌渍入味；豌豆、胡萝卜丁、香菇丁、玉米粒，焯水捞出；热锅注油，倒入鳕鱼丁，拌至变色，捞出。3.用油起锅，放入姜、蒜、葱，倒入食材，炒至析出水分，放入鳕鱼丁，加盐、鸡粉、料酒，炒至食材熟透，倒入水淀粉炒匀即成。

TIPS

鳕鱼丁滑油时的油温不宜太高，以免将鱼肉炸老了。炒鳕鱼的时间也不宜过久，以免影响鳕鱼口感。

鳕鱼粥

难易度：★★☆　⏱31分钟　💊补中益气

◎ **原料** 鳕鱼肉120克，水发大米150克

◎ **调料** 盐少许

◎ **做法**

1.蒸锅上火烧开，放入鳕鱼肉，蒸至鱼肉熟，取出鳕鱼肉，放凉待用。2.将鳕鱼肉置于案板上，剁成泥状。3.砂锅中注水烧开，倒入大米，煮至熟软，倒入鳕鱼肉，搅拌匀，加入少许盐，拌至入味即可。

TIPS
蒸鳕鱼的时间不宜太久，以免影响口感。

茄汁鳕鱼

难易度：★★★　⏱3分钟　💊养胃健脾

◎ **原料** 鳕鱼200克，西红柿100克，洋葱30克，豌豆40克，鲜玉米粒40克

◎ **调料** 盐2克，生粉3克，料酒3毫升，番茄酱10克，水淀粉、橄榄油各适量

◎ **做法**

1.洋葱切粒；西红柿去蒂，切小块。2.鳕鱼装入碗中，放料酒、盐、生粉拌匀；锅中倒入橄榄油，放入鳕鱼，煎至焦黄色；锅中注水烧开，倒入玉米粒、豌豆，煮至食材断生，捞出。3.锅中注入橄榄油烧热，倒入洋葱、西红柿、玉米粒、豌豆炒匀，倒入清水煮沸，加盐、番茄酱、水淀粉炒匀，装盘，浇上炒制好的汤汁既可。

鲈鱼

清蒸开屏鲈鱼

(难易度：★★☆ ⏱8分钟 ➕益气补血)

◎原料 鲈鱼500克，姜丝、葱丝、彩椒丝各少许

◎调料 盐2克，鸡粉2克，胡椒粉少许，蒸鱼豉油少许，料酒8毫升

◎做法

1.将鲈鱼切去背鳍，切下鱼头，鱼背部切一字刀，切相连的块状。2.把鲈鱼放盐、鸡粉、胡椒粉、料酒腌渍至入味，放入盘中，摆放成孔雀开屏的造型。3.把蒸盘放入烧开的蒸锅中。4.盖上盖，蒸至熟。5.撒上姜丝、葱丝、彩椒丝，浇上热油、蒸鱼豉油即可。

TIPS

切一字刀时，将鱼背立起来切比较省力，不容易破坏鲈鱼的完整性。

苦瓜鱼片汤

难易度：★★☆ ⏱6分钟 清热解毒

◎ 原料 鸡腿菇70克、胡萝卜40克、苦瓜100克、鲈鱼肉110克、姜片、葱花各少许

◎ 调料 盐3克，鸡粉2克，胡椒粉少许，水淀粉、食用油各适量

◎ 做法

1.将洗净的鸡腿菇切片，去皮洗净的胡萝卜切片，洗好的苦瓜去籽，切片，洗净的鱼肉切片。2.把鱼片装入碗中，放入盐、鸡粉、胡椒粉，放入水淀粉，抓匀，倒入食用油，腌渍入味。3.用油起锅，放入姜片，倒入苦瓜片，放入胡萝卜、鸡腿菇，炒匀，加入清水，煮3分钟至熟，放入盐、鸡粉，倒入鱼片，煮1分钟至鱼片熟透，盛出煮好的鱼汤，装入碗中，放上葱花即可。

橄榄菜蒸鲈鱼

难易度：★★☆ ⏱10分钟 清肺健肤

◎ 原料 鲈鱼块185克，橄榄菜40克，姜末、葱花各少许

◎ 调料 盐、鸡粉各2克，生粉10克，生抽4毫升，食用油少许

◎ 做法

1.把鲈鱼块装在碗中，撒上姜末，放盐、生抽、鸡粉、生粉，腌渍至入味。2.取一个干净的盘子，摆放上鲈鱼块，撒上橄榄菜；蒸锅上火烧开，放入盘子。3.蒸至食材熟透，取出，撒上葱花，最后淋上少许热油即可。

柠檬

柠檬芹菜莴笋汁

难易度：★★☆ ⏱2分钟 🔆解毒生津

◎ **原料** 芹菜50克，莴笋90克，柠檬70克

◎ **调料** 蜂蜜15毫升

◎ **做法**

1.洗净的芹菜切粒，洗净去皮的莴笋切丁，洗好的柠檬切小块。2.锅中注水烧开，放入莴笋丁、芹菜丁，煮至其熟软，捞出，沥干水分。3.取榨汁机，倒入柠檬、莴笋、芹菜。4.注入矿泉水，选择"榨汁"功能，榨取蔬果汁。5.加入适量蜂蜜，再次选择"榨汁"功能，拌匀，将搅拌好的蔬果汁倒入杯中即可。

TIPS

搅拌果汁时时间不宜过久，否则会产生很多的泡沫，影响口感。

Part 4

孕中期营养餐

　　孕中期是指4-7月这段时间，这期间孕妈妈应根据自己的生理特点重点补充一些营养素，确保胎宝宝健康的生长发育，本节会介绍孕中期四个月中孕妈妈每个时期需要重点补充的营养元素。

菜心

菜心炒鱼片

难易度：★★☆　⏱2分钟　🍲养胃健脾

◎ **原料** 菜心200克，生鱼肉150克，彩椒40克，红椒20克，姜片、葱段各少许

◎ **调料** 盐3克，鸡粉2克，料酒5毫升，水淀粉、食用油各适量

◎ **做法**

1.菜心处理干净，洗好的红椒、彩椒切块，洗好的生鱼肉切成片，加调料腌渍入味。2.菜心焯水断生后捞出。3.生鱼片滑油后捞出。4.锅底留油，放入姜片、葱段、红椒、彩椒。5.放入生鱼片，淋入料酒，加鸡粉、盐、水淀粉，炒匀，菜心摆盘，盛出鱼片，放在菜心上即成。

TIPS

　　菜心风味可口，含有碳水化合物、钙、磷、铁、胡萝卜素、粗纤维、维生素C 等营养元素。

蒜香豉油菜心

难易度：★★☆ ◷2分钟 ♒养胃生津

◉ **原料** 菜心120克，蒸鱼豉油25毫升，蒜末、红椒圈各少许

◉ **调料** 盐2克，食用油适量

◉ **做法**

1.锅中注入适量清水烧开，加入少许食用油，放入适量盐，拌匀。2.倒入洗净的菜心，用大火煮至变软，捞出菜心，沥干水分，待用。3.用油起锅，倒入蒜末、红椒圈，爆香，倒入焯过水的菜心，放入蒸鱼豉油，炒匀，盛出炒好的菜肴即可。

TIPS

菜心焯水的时间不宜过长，以免营养成分流失。

葱姜炝菜心

难易度：★☆☆ ◷2分钟 ♒补中益气

◉ **原料** 菜心160克，姜末、葱丝、红椒丝、花椒各少许

◉ **调料** 盐2克，鸡粉2克，白糖3克，食用油适量

◉ **做法**

1.洗净的菜心切段。2.锅中注水烧开，倒入菜心，略煮一会儿，淋入食用油，焯煮至熟，捞出，沥干水分；用油起锅，倒入花椒，捞出。3.取一个干净的碗，倒入菜心、姜末，加入盐、鸡粉、白糖，搅匀，淋上热油，将拌好的菜心装入盘中，点缀上葱丝、红椒丝即可。

芹菜

醋拌芹菜

难易度：★★☆ ⏱2分钟 🍴开胃消食

◎ **原料** 芹菜梗200克，彩椒10克，芹菜叶25克，熟白芝麻少许

◎ **调料** 盐2克，白糖3克，陈醋15毫升，芝麻油10毫升

◎ **做法**

1.洗净的彩椒切开，去籽，切成细丝。2.洗好的芹菜梗切成段。3.锅中注水烧开，倒入芹菜梗，拌匀，略煮片刻。4.放入彩椒，煮断生，捞出，沥干水分。5.将焯过水的食材倒入碗中，放入芹菜叶，搅拌匀。6.加入盐、白糖、陈醋、芝麻油，倒入白芝麻，搅拌入味，取一个盘子，盛出拌好的菜肴，装入盘中即可。

TIPS

芹菜可炒，可拌，可熬，可煲，还可做成饮品。芹菜叶中所含的胡萝卜素和维生素C比茎中的含量多，因此吃时不要把能吃的嫩叶扔掉。食材焯水时间不宜过久，以免失去爽脆的口感。

芹菜炒黄豆

难易度：★★☆ ⏱1分钟 🔥补脾益气

◉ **原料** 熟黄豆220克，芹菜梗80克，胡萝卜30克

◉ **调料** 盐3克，食用油适量

◉ **做法**

1.洗净的芹菜梗切段，洗净去皮的胡萝卜切丁。2.胡萝卜丁焯水后捞出。3.用油起锅，倒入芹菜，炒软，倒入胡萝卜丁、熟黄豆，炒匀，加盐，炒匀，盛出装盘即成。

TIPS

制作熟黄豆时，加入少许香料，可使此道菜肴别具风味。

鲜虾木耳芹菜粥

难易度：★★★ ⏱37分钟 🔥增强免疫力

◉ **原料** 水发大米100克，芹菜梗50克，虾仁45克，水发木耳35克，姜片少许

◉ **调料** 盐3克，鸡粉2克，水淀粉、芝麻油各适量

◉ **做法**

1.洗净的虾仁去除虾线，洗好的芹菜梗切成粒，洗净的木耳切小块。2.处理好的虾仁加盐、水淀粉，拌匀，腌渍入味。3.砂锅中注水烧开，倒入洗好的大米，拌匀，煮沸后用小火煮至米粒变软，撒上姜片，放入虾仁，倒入木耳，拌匀，续煮至食材九成熟，倒入芹菜，加入盐、鸡粉，搅匀，放入芝麻油，拌煮至米粥熟透，盛出，装入汤碗即成。

蒜薹

蒜薹炒鸭胗

难易度：★★☆ ⏲2分钟 💪健胃消食

◎ **原料** 蒜薹120克，鸭胗230克，红椒5克，姜片、葱段各少许

◎ **调料** 盐4克，鸡粉3克，生抽7毫升，料酒7毫升，小苏打、水淀粉、食用油各适量

◎ **做法**

1.洗净的蒜薹切段，洗好的红椒切丝，洗净的鸭胗切片。2.鸭胗加调料腌渍入味。3.蒜薹焯水后捞出，鸭胗氽水后捞出。4.用油起锅，倒入红椒丝、姜片、葱段，放入鸭胗，加生抽、料酒，炒匀。5.倒入蒜薹，加盐、鸡粉、水淀粉，炒片刻，盛出即可。

TIPS

鸭胗含有蛋白质、维生素C、维生素E、钙、镁、铁、钾、磷等营养成分，具有补充铁质、健胃消食等作用。

蒜薹炒肉丝

> 难易度：★★☆ ⊙2分钟 ⊞健胃益脾

◎ **原料** 牛肉240克，蒜薹120克，彩椒40克，姜片、葱段各少许

◎ **调料** 盐、鸡粉各3克，白糖、生抽、小苏打、生粉、料酒、水淀粉、食用油各适量

◎ **做法**

1.洗净的蒜薹切段，洗好的彩椒切条形，洗净的牛肉切细丝。2.把牛肉丝装入碗中，加盐、鸡粉、白糖、生抽、小苏打、生粉，拌匀，倒入少许食用油腌渍约10分钟。3.热锅注油，倒入牛肉丝，滑油约半分钟至其变色，捞出，沥干油。4.锅底留油烧热，倒入姜片、葱段，放入蒜薹、彩椒，淋入料酒，放入牛肉丝，加入适量盐、鸡粉、生抽、白糖，炒匀，倒入水淀粉勾芡，盛出炒好的菜肴即可。

手撕蒜薹

> 难易度：★★★ ⊙5分钟 ⊞增强免疫力

◎ **原料** 鸡胸肉260克，彩椒20克，蒜薹180克

◎ **调料** 料酒、盐、水淀粉、白糖、生抽、芝麻油、鸡粉、陈醋、甜面酱、醪糟、食用油各适量

◎ **做法**

1.洗净的彩椒切丝，洗净的蒜薹撕成丝。2.洗好的鸡胸肉切丝，加料酒、盐、鸡精、水淀粉、食用油腌渍入味。3.蒜薹焯水断生，过凉水，捞出，摆入盘中。4.鸡肉丝、彩椒滑油，捞出，放在蒜薹上，起油锅，倒入甜面酱、陈醋、白糖、盐、生抽、鸡粉、水淀粉、芝麻油，拌匀，将味汁浇在鸡丝上即可。

青豆

西瓜翠衣炒青豆

[难易度：★★☆] [◯1分钟] [乌发明目]

◎原料 西瓜皮200克，彩椒45克，青豆200克，蒜末、葱段各少许

◎调料 盐3克，鸡粉2克，食用油适量

◎做法

1.去除硬皮的西瓜皮切丁，洗净的彩椒切丁。2.锅中注水烧开，放入盐，倒入食用油。3.倒入青豆，煮断生。4.加入西瓜皮、彩椒，煮断生，捞出。5.用油起锅，放入蒜末，倒入焯过水的食材，炒匀。6.加入适量盐、鸡粉，炒匀调味，放入葱段，略炒片刻，盛出炒好的食材，装入盘中即可。

TIPS

青豆含有丰富的蛋白质、叶酸、膳食纤维和人体必需的多种氨基酸，尤以赖氨酸含量为高。青豆能补肝养胃，滋补强壮，有助于长筋骨，悦颜面，有乌发明目、延年益寿等功效。

青豆烧茄子

难易度：★★☆ ⏱3分钟 🔋增强免疫力

◎ **原料** 青豆200克，茄子200克，蒜末、葱段各少许

◎ **调料** 盐3克，鸡粉2克，生抽6毫升，水淀粉、食用油各适量

◎ **做法**

1.洗净的茄子切丁块。2.锅中注水烧开，加入盐、食用油，倒入洗净的青豆，煮约1分钟，捞出，热锅注油，倒入茄子丁，炸至色泽微黄，捞出。3.锅底留油，放入蒜末、葱段、青豆，放入茄子丁，加入盐、鸡粉，炒匀，淋入生抽，炒至食材熟软，倒入水淀粉，炒至食材熟透，盛出，装入盘中即成。

鸡油青豆

难易度：★★☆ ⏱3分钟 🔋开胃生津

◎ **原料** 火腿肠1根，青豆150克，胡萝卜50克，鸡油15毫升

◎ **调料** 盐4克，鸡粉2克，水淀粉、食用油各适量

◎ **做法**

1.火腿肠切成丁，去皮洗净的胡萝卜切成丁。2.锅中注水烧开，放入盐，倒入胡萝卜丁、青豆，拌匀，煮至八成熟，捞出。3.用油起锅，倒入火腿肠，倒入焯过水的材料，拌炒匀，放入适量盐、鸡粉，倒入适量鸡油，炒匀，淋入适量水淀粉勾芡，将锅中材料盛出装盘即可。

豌豆

灵芝豌豆

难易度：★★☆ ⏱2分钟 💊补中益气

◎**原料** 豌豆120克，彩椒丁15克，灵芝、姜片、葱白各少许

◎**调料** 盐2克，鸡粉2克，白糖2克，水淀粉10毫升，胡椒粉、食用油各适量

◎**做法**

1.锅中注水烧开，倒入洗净的豌豆、灵芝，加盐，煮约半分钟，捞出。2.取一个碗，加入盐、白糖、水淀粉、胡椒粉，制成味汁，用油起锅，倒入姜片、葱白，爆香。3.放入彩椒丁，炒匀。4.放入焯过水的材料，炒匀。5.倒入味汁，炒匀，盛出炒好的菜肴即可。

TIPS

灵芝可先泡发再煮，这样有利于析出有效成分。豌豆可以有效缓和脚气、糖尿病、产后乳汁不足等症。

松子豌豆炒干丁

难易度：★★★ ⏱10分钟 🍴开胃清热

◎ **原料** 香干300克，彩椒20克，松仁15克，豌豆120克，蒜末少许

◎ **调料** 盐3克，鸡粉2克，料酒4毫升，生抽3毫升，水淀粉、食用油各少许

◎ **做法**

1.洗净的香干切小丁块，洗好的彩椒切小块。2.锅中注水烧开，加入盐、食用油，倒入洗净的豌豆，煮约半分钟，放入香干，拌匀，煮约半分钟，加入彩椒，拌匀，再煮至食材断生后捞出；热锅注油，倒入松仁，炸至金黄色，捞出，沥干油。3.锅底留油烧热，倒入蒜末，倒入上述食材，加入盐、鸡粉，淋入料酒，炒约1分钟，加入生抽，倒入水淀粉，炒匀，盛出炒好的食材，装入盘中，点缀上松仁即可。

豌豆糊

难易度：★★☆ ⏱20分钟 🍴健胃消食

◎ **原料** 豌豆120克，鸡汤200毫升

◎ **调料** 盐少许

◎ **做法**

1.汤锅中注入清水，倒入洗好的豌豆，煮15分钟至熟，捞出，沥干水分。2.取榨汁机，倒入豌豆，倒入100毫升鸡汤，选择"搅拌"功能，榨取豌豆鸡汤汁，将榨好的豌豆鸡汤汁倒入碗中。3.把剩余的鸡汤倒入汤锅中，加入豌豆鸡汤汁，搅散，煮沸，放入盐，将煮好的豌豆糊装入碗中即可。

茶树菇

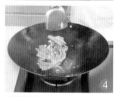

茶树菇炖鸭掌

难易度：★★☆　32分钟　解毒通便

◎原料 鸭掌200克，水发茶树菇90克，姜片、蒜末、葱段各少许

◎调料 盐2克，鸡粉2克，料酒18毫升，豆瓣酱10克，南乳10克，蚝油5克，水淀粉10毫升，食用油适量

◎做法

1.洗好的茶树菇切去根部，洗净的鸭掌去除爪尖，斩成小块。2.鸭掌汆去血水后捞出。3.起油锅，放入姜片、蒜末、葱段，爆香。4.倒入鸭掌，料酒，加入豆瓣酱、盐、鸡粉、南乳，炒匀。5.加水、茶树菇，焖30分钟。6.加入蚝油，倒入水淀粉，炒匀即可。

TIPS

鸭掌性凉，烹制时如果选用老姜增加些辣味，更能开胃、去寒。茶树菇味道鲜美，用作主菜、调味均佳；且有滋阴壮阳、美容保健的功效，烹调时要注意，发泡茶树菇的水可放菜中一并使用，以便保证菜的原汁原味。

油焖茭白茶树菇

难易度：★★☆ ⏱4分钟 📋清肠利便

◉ **原料** 茭白100克，茶树菇100克，芹菜80克，蒜末、姜片、葱段各少许

◉ **调料** 盐3克，鸡粉3克，料酒10毫升，蚝油8克，水淀粉5毫升，食用油适量

◉ **做法**

1.洗好的芹菜切段，洗净去皮的茭白切滚刀块，洗好的茶树菇切段。2.茭白、茶树菇焯水后捞出。3.用油起锅，放入姜片、蒜末，倒入茭白和茶树菇，炒匀，淋入料酒，加入蚝油、盐、鸡粉，炒匀，注入清水，煮1分钟，放入芹菜，淋入水淀粉勾芡，放入葱段，炒匀，盛出炒好的食材，装入盘中即可。

无花果茶树菇鸭汤

难易度：★★★ ⏱42分钟 📋开胃消食

◉ **原料** 鸭肉500克，水发茶树菇120克，无花果20克，枸杞、姜片、葱花各少许

◉ **调料** 盐2克，鸡粉2克，料酒18毫升

◉ **做法**

1.洗好的茶树菇切去老茎，切段，洗净的鸭肉斩小块。2.锅中注入清水烧开，倒入鸭块，加入料酒，煮沸，氽去血水，捞出，沥干水分。3.砂锅中注入清水烧开，倒入鸭块，加入洗净的无花果、枸杞、姜片，放入茶树菇，淋入料酒，拌匀，煮40分钟至食材熟透，放入鸡粉、盐，搅匀，将煮好的汤料盛出，装入汤碗中撒上葱花即可。

胡萝卜

胡萝卜炒菠菜

难易度：★★☆　⏱2分钟　补中益气

◎ **原料** 菠菜180克，胡萝卜90克，蒜末少许

◎ **调料** 盐3克，鸡粉2克，食用油适量

◎ **做法**

1.洗净去皮的胡萝卜切细丝。2.洗好的菠菜切去根部，再切成段。3.锅中注水烧开，放入胡萝卜丝，撒上盐，搅匀，煮约半分钟，至食材断生后捞出，沥干水分。4.用油起锅，放入蒜末，爆香。5.倒入菠菜，炒软，放入胡萝卜丝，翻炒匀，加入盐、鸡粉，炒匀调味，关火后盛出炒好的食材，装入盘中即成。

TIPS

　　菠菜能滋阴润燥，通利肠胃，补血止血，泄火下气。菠菜易熟，宜用大火快炒，可避免营养流失。

胡萝卜香味炖牛腩

难易度：★★☆ ◎75分钟 🍴健脾益胃

◎**原料** 牛腩400克，胡萝卜100克，红椒45克，青椒1个，姜片、蒜末、葱段、香叶各少许

◎**调料** 水淀粉、料酒各10毫升，豆瓣酱10克，生抽8毫升，食用油适量

◎**做法**

1.洗净的胡萝卜切块，汆煮过的牛腩切小块，洗好的青椒去籽，切小块，洗净的红椒去籽，切小块。2.锅中注入食用油，放入香叶、蒜末、姜片，倒入牛腩块，炒匀，淋入料酒，加入豆瓣酱、生抽，炒匀。3.倒入清水，炖1小时，放入胡萝卜块，焖10分钟，放入青椒、红椒，炒匀，倒入水淀粉勾芡，挑出香叶，盛出炒好的菜肴，放上葱段即可。

胡萝卜红枣枸杞鸡汤

难易度：★★☆ ◎31分钟 🍴清肠利便

◎**原料** 鸡腿100克，胡萝卜90克，红枣20克，枸杞10克，姜片少许

◎**调料** 盐2克，鸡粉2克，料酒15毫升

◎**做法**

1.洗净去皮的胡萝卜切丁，洗好的鸡腿斩小块。2.鸡块汆去血水，撇去浮沫，捞出。3.砂锅中注入清水烧开，放入胡萝卜丁，撒上洗净的枸杞、红枣，倒入鸡块，放入姜片，淋上料酒，炖30分钟至鸡肉熟软，加入盐、鸡粉，搅匀，盛出炖好的汤料，装入汤碗中即可。

玉米

奶香玉米烙

难易度：★★★ ◎4分钟 ⑪开胃生津

◎ **原料** 鲜玉米粒150克，牛奶100毫升

◎ **调料** 盐2克，白糖6克，生粉、食用油各适量

◎ **做法**

1.锅中注入清水烧开，撒上盐，倒入洗净的玉米粒，煮约2分钟至断生，捞出，沥干水分。2.装入碗内，碗中加入白糖，倒入牛奶，撒上生粉，拌至糖分完全溶化。3.取一个盘子，淋入食用油，抹匀，倒入玉米粒，制成玉米饼生坯。4.煎锅中注入食用油。5.放入饼坯，煎至两面熟透。6.盛出煎好的玉米烙，放在盘中，食用时分成小块即可。

TIPS

玉米有开胃益智、宁心活血、调理中气等功效，并可延缓人体衰老、预防脑功能退化，增强记忆力。烹饪此菜，可将煮好的玉米放入杵臼中，捣碎后再做成饼坯，这样营养更容易被人体吸收利用。

腐竹玉米荸荠汤

难易度:★★☆ ⏱72分钟 补脾益气

◎ **原料** 排骨块200克,玉米段70克,荸荠60克,胡萝卜50克,腐竹20克,姜片少许

◎ **调料** 盐、鸡粉各2克,料酒5毫升

◎ **做法**

1.洗净去皮的胡萝卜切滚刀块,洗好去皮的荸荠对半切开。2.锅中注水烧热,倒入洗净的排骨块,拌匀,氽去血水,撇去浮沫,捞出,沥干水分。3.砂锅中注水烧开,倒入排骨,淋入料酒,拌匀,放入胡萝卜、荸荠、玉米段,拌匀,撒上姜片,煮约1小时,倒入腐竹,煮约10分钟,加入盐、鸡粉拌匀,盛出煮好的汤即可。

玉米粒炒杏鲍菇

难易度:★★☆ ⏱2分钟 补虚健体

◎ **原料** 杏鲍菇120克,玉米粒100克,彩椒60克,蒜末、姜片各少许

◎ **调料** 盐3克,鸡粉2克,白糖少许,料酒4毫升,水淀粉、食用油各适量

◎ **做法**

1.洗净的杏鲍菇切丁块,洗净的彩椒切丁。2.锅中注水烧开,加入盐、食用油,倒入洗净的玉米粒,煮约1分钟,倒入杏鲍菇拌匀,略煮一会儿,待水沸腾,放入彩椒丁,煮至食材断生后捞出。3.用油起锅,放入姜片、蒜末,倒入食材,炒匀,淋入料酒,加入盐、鸡粉、白糖,倒入水淀粉,炒匀,盛出,装入盘中即成。

红薯

煎红薯

难易度：★☆☆ ⏱4分钟 💪补益脾气

◉ **原料** 红薯250克，熟芝麻15克

◉ **调料** 蜂蜜、食用油各适量

◉ **做法**

1.将去皮洗净的红薯切片。2.锅中注入清水烧开，倒入红薯片，煮约2分钟至断生后捞出，沥干水分。3.煎锅中注入食用油烧热。4.放入红薯片，煎至两面熟透，盛出煎好的食材。5.放在盘中，再均匀地淋上蜂蜜，撒上熟芝麻即成。

红薯的蛋白质含量高，可弥补大米、白面中的营养缺失，经常食用可提高人体对主食中营养的利用率。

TIPS

薏米红薯粥

难易度：★★☆ 🕐43分钟 🍴开胃消食

◎ 原料 水发薏米100克，红薯150克，水发大米180克

◎ 调料 冰糖25克

◎ 做法

1.洗净去皮的红薯切成丁。2.砂锅置火上，注入适量清水，用大火烧开，倒入大米、红薯丁，放入洗好的薏米，拌匀。3.煮40分钟至粥浓稠，放入冰糖，拌匀，续煮至冰糖溶化，盛出煮好的粥，装入碗中即可。

TIPS

薏米入锅煮开后要及时搅拌，以免煳锅。

蜂蜜蒸红薯

难易度：★☆☆ 🕐16分钟 🍴健脾消食

◎ 原料 红薯300克

◎ 调料 蜂蜜适量

◎ 做法

1.洗净去皮的红薯修平整，切成菱形状，备用。2.把切好的红薯摆入蒸盘中，备用。3.蒸锅置火上，注水后大火烧开，放入蒸盘，盖上锅盖，用中火蒸约15分钟至红薯熟透。4.揭开锅盖，取出蒸盘，待稍微放凉后浇上蜂蜜即可。

鸡肉

蜜瓜鸡球

难易度：★★☆　2分钟　宽中理气

◎ 原料 鸡腿2只，哈密瓜230克，彩椒30克，蒜末、葱段各少许

◎ 调料 盐2克，料酒8毫升，番茄汁60毫升，鸡粉5毫升，水淀粉10毫升，食用油适量

◎ 做法

1.洗净的彩椒切块，洗好的哈密瓜去皮，切块，洗好的鸡腿剔去骨头，切小块。2.鸡腿肉加调料腌渍入味。3.鸡肉炸至变色。4.用油起锅，放入蒜末、葱段。5.倒入彩椒、鸡肉、番茄汁，炒匀，加入白糖、盐。6.放入哈密瓜，倒入水淀粉，炒至汤汁浓稠，盛出装盘即可。

TIPS

哈密瓜含有蛋白质、膳食纤维、胡萝卜素、果胶、糖类、B族维生素、维生素C，能促进人体造血机能，是贫血患者的食疗佳品。常食哈密瓜还能改善身心疲倦、心神焦躁不安或口臭等。

鸡丝烩干贝

难易度：★★☆　⏱3分钟　益脾健胃

◎**原料** 鸡胸肉150克，干贝20克，姜丝、葱段各少许

◎**调料** 盐3克，鸡粉3克，水淀粉7毫升，料酒4毫升，蚝油10克，食用油适量

◎**做法**

1.洗净的干贝压成丝，洗好的鸡胸肉切丝。2.鸡肉丝加调料腌渍入味。3.干贝炸至呈金黄色，鸡肉丝倒入油锅中，滑油至变色，捞出。4.锅底留油，放入姜丝，淋入料酒，炒匀，倒入清水，煮沸，加盐、鸡粉，放入蚝油，拌匀，把鸡肉丝倒入锅中，倒入水淀粉，炒匀，盛出，装入盘中，放上葱段、干贝即可。

土豆烧鸡块

难易度：★★★　⏱17分钟　补中益气

◎**原料** 鸡块400克，土豆200克，八角、花椒、姜片、蒜末、葱段各少许

◎**调料** 盐2克，鸡粉2克，料酒10毫升，生抽10毫升，蚝油12克，水淀粉5毫升，食用油适量

◎**做法**

1.洗净去皮的土豆切小块。2.锅中注水烧开，倒入鸡块，汆去血水，捞出。3.用油起锅，放入葱段、蒜末、姜片、八角、花椒，放入鸡块，炒匀，淋入料酒，放入生抽、蚝油，倒入土豆块，炒匀，加入盐、鸡粉，倒入清水，焖至食材熟透，淋入水淀粉，炒匀，装入盘中即可。

鸡蛋

葛根玉米鸡蛋饼

难易度：★★☆　⏱4分钟　🍴健胃消食

◎ 原料　鸡蛋120克，鲜玉米粒70克，葛根粉50克，葱花少许

◎ 调料　鸡粉2克，盐3克，食用油适量

◎ 做法

1.玉米粒焯水断生，捞出。2.葛根粉加水拌匀，将鸡蛋打入碗中，加入玉米粒，加入葛粉、盐，撒上葱花，拌匀。3.起油锅，倒入蛋液，炒匀后盛入碗中，拌匀呈鸡蛋糊。4.煎锅注油烧热，倒入鸡蛋糊，摊成饼状，晃动煎锅，转至大火，煎至成形。5.将蛋饼翻面，煎至两面熟透，盛出，切成小块即可。

TIPS

　　鸡蛋含有优质蛋白质、维生素、矿物质等营养成分，而且消化吸收率高，有除烦安神、补脾和胃等功效。

鸡蛋西红柿粥

难易度：★★☆ ◎32分钟 🍴开胃消食

◉ **原料** 水发大米110克，鸡蛋50克，西红柿65克

◉ **调料** 盐少许

◉ **做法**

1.洗好的西红柿切丁，鸡蛋打入碗中，制成蛋液。2.砂锅中注入清水烧开，倒入洗好的大米，煮约30分钟至大米熟软。3.倒入西红柿丁，拌匀，煮约1分钟至西红柿熟软，加入盐，倒入蛋液，拌至蛋花浮现，盛出煮好的粥，装入碗中即可。

TIPS

倒入蛋液时要边倒边搅拌，这样打出的蛋花才好看。

西葫芦炒鸡蛋

难易度：★★☆ ◎2分钟 🍴补益脾气

◉ **原料** 鸡蛋2个，西葫芦120克，葱花少许

◉ **调料** 盐2克，鸡粉2克，水淀粉3毫升，食用油适量

◉ **做法**

1.洗净的西葫芦切片，鸡蛋打入碗中，加入盐、鸡粉，调匀。2.锅中注水烧开，放入盐、食用油、西葫芦，煮1分钟，捞出。3.另起锅，注油烧热，倒入蛋液，炒至鸡蛋熟，倒入西葫芦，炒匀，加入盐、鸡粉，倒入水淀粉，炒匀，放入葱花，起锅，装入盘中即可。

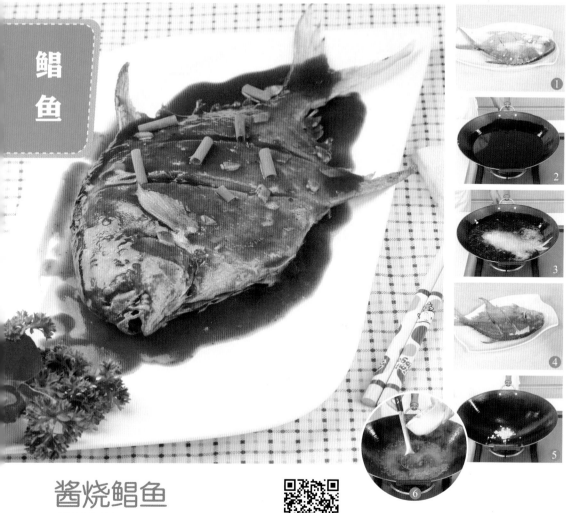

鲳鱼

酱烧鲳鱼

难易度：★★★　⏱5分钟　🍴开胃生津

◎原料 净鲳鱼400克，甜面酱20克，泰式甜辣酱40克，蒜末、姜片、葱段各少许

◎调料 盐3克，鸡粉2克，生粉15克，老抽2毫升，料酒5毫升，生抽6毫升，水淀粉、食用油各适量

◎做法

1.鲳鱼加盐、鸡粉、料酒、生抽、生粉腌渍入味。2.用油起锅。3.放入鲳鱼，炸约2分钟。4.捞出，沥干油，放在盘中。5.用油起锅，放入姜片、蒜末。6.注入清水，加盐、鸡粉、泰式甜辣酱、甜面酱、生抽、老抽，倒入鲳鱼，煮入味，盛出，锅中汤汁烧沸，淋入水淀粉，制成稠汁，盛出，浇在鱼身上，撒上葱段即成。

TIPS

鲳鱼含有不饱和脂肪酸，有降低胆固醇的功效。此外，鲳鱼还含有微量元素硒和镁，对冠状动脉硬化等心血管疾病有预防作用，并能延缓机体衰老。鲳鱼鱼身上的花刀最好切得深一点，这样能使鱼肉更易入味。

豉椒蒸鲳鱼

难易度：★★★　◎13分钟　补虚健体

◎原料 鲳鱼500克，豆豉20克，剁椒30克，姜末、蒜末、葱花各少许

◎调料 白糖4克，鸡粉2克，生粉10克，盐、生抽、老抽、芝麻油、食用油各适量

◎做法

1.将处理干净的鲳鱼两面切上花刀，把豆豉剁碎。2.用油起锅，放入姜末、蒜末、豆豉、剁椒，炒匀，加入白糖、生抽、盐、老抽，拌匀，盛入装碗。3.加入生粉、食用油、芝麻油、鸡粉，拌匀，铺在鲳鱼上，将鲳鱼放入蒸锅，蒸至鲳鱼熟透，取出，撒上葱花，浇上熟油即成。

香菇笋丝烧鲳鱼

难易度：★★★　◎4分钟　开胃清热

◎原料 鲳鱼350克，竹笋丝15克，肉丝50克，香菇丝15克，葱丝、姜丝、彩椒丝各少许

◎调料 盐3克，鸡粉2克，料酒5毫升，水淀粉4毫升，生抽4毫升，老抽2毫升，食用油适量

◎做法

1.处理干净的鲳鱼两面切上十字花刀。2.鲳鱼用油炸至起皮，捞出。3.锅底留油，倒入肉丝、姜丝、竹笋丝、香菇丝，淋入料酒、清水，加盐、生抽、老抽，放入鲳鱼，煮10分钟，倒入葱丝、彩椒丝，煮熟，将鲳鱼盛出，装盘，锅中放入鸡粉、水淀粉，拌浓稠，盛出，浇在鱼身上即可。

火龙果

火龙果紫薯糖水

难易度：★★☆ ◎21分钟 ⊞健胃消食

◎ **原料** 火龙果150克，紫薯100克

◎ **调料** 冰糖15克

◎ **做法**

1. 洗净的火龙果切开，去除果皮，再把果肉切成小块。2. 洗净去皮的紫薯切成丁。3. 砂锅中注水烧开，放入紫薯丁，煮沸后用小火煮约15分钟，至其变软。4. 倒入切好的火龙果果肉，加入少许冰糖，搅拌匀，用大火续煮约1分钟，至糖分溶化。5. 盛出煮好的紫薯糖水，装入汤碗中，待稍微冷却后即可饮用。

TIPS

火龙果果肉中芝麻状的种子有促进肠胃消化的功能。火龙果去皮时力度要轻一些，以免将果肉弄破了。

火龙果杂果茶

难易度：★★☆　◎6分钟　健脾消食

◎ 原料 火龙果110克，雪梨100克，橙子95克，菠萝肉、苹果各90克，柠檬60克

◎ 调料 白糖6克

◎ 做法

1.洗净的苹果切小块，洗好的火龙果取果肉，切小块，洗净的雪梨切小块，洗好的菠萝肉切小块，洗净的柠檬切薄片，洗好的橙子取出果肉，切小块。2.砂锅中注水烧开，倒入材料，煮至食材熟软，加入白糖，煮至糖分溶化，盛出，装入汤碗中即成。

TIPS

菠萝肉切块前用淡盐水泡一会儿，能减轻其涩口的味道。

火龙果豆浆

难易度：★☆☆　◎16分钟　清热解毒

◎ 原料 水发黄豆60克，火龙果肉30克

◎ 做法

1.将已浸泡8小时的黄豆倒入碗中，注入适量清水，用手搓洗干净，把洗好的黄豆倒入滤网，沥干水分。2.将备好的黄豆、火龙果肉倒入豆浆机，注入适量清水，至水位线即可，选择"五谷"程序，运转约15分钟，即成豆浆。3.将豆浆机断电，取下机头，把煮好的豆浆倒入滤网，滤取豆浆，将滤好的豆浆倒入碗中即可。

葡萄

葡萄苹果汁

难易度：★☆☆　⏱2分钟　益脾健胃

◎原料 葡萄100克，苹果100克，柠檬70克，蜂蜜20毫升

◎做法

1.将洗好的苹果切瓣，去核，再切成小块。2.取榨汁机，选搅拌刀座组合，倒入切好的苹果。3.倒入洗净的葡萄。4.倒入适量矿泉水。5.盖上榨汁机盖，选择"榨汁"功能，榨取葡萄苹果汁。6.揭开榨汁机盖，倒入适量蜂蜜，再盖上榨汁机盖，选择"榨汁"功能，继续搅拌一会儿，揭开榨汁机盖，把榨好的果汁倒入杯中，挤入几滴柠檬汁即可。

TIPS

苹果含有苹果酸、纤维素、柠檬水、酒石酸、果胶等营养物质。此外，苹果还含有较多的纤维素，可以促进肠道蠕动，改善便秘症状。若选用无籽的葡萄，榨出的果汁口感会更好。

芹菜葡萄梨子汁

难易度：★☆☆ ⬜1分钟 🈂宽中理气

◎ **原料** 雪梨100克，芹菜60克，葡萄100克

◎ **做法**

1.洗净的芹菜切成粒，洗好的雪梨去皮，去核，切成小块，洗净的葡萄切成小块。2.取榨汁机，选择搅拌刀座组合，倒入切好的食材，加入适量矿泉水。3.选择"榨汁"功能，榨取蔬果汁，将榨好的蔬果汁倒入杯中即可。

TIPS

榨汁时，可以加少许糖或者蜂蜜调味。

金珠葡萄

难易度：★★☆ ⬜5分钟 🈂开胃消食

◎ **原料** 鸡蛋1个，葡萄130克，面粉40克

◎ **调料** 白糖4克，生粉20克，食用油适量

◎ **做法**

1.洗净的葡萄剥去皮。2.鸡蛋打入碗中，加入白糖、面粉，拌成糊，取一个盘子，放上葡萄，撒上生粉，让葡萄均匀地沾上生粉。3.热锅注油，将葡萄均匀地裹上鸡蛋糊，放入锅中，炸至金黄色，将炸好的葡萄捞出，沥干油，放入盘中，摆好即可。

TIPS

在炸葡萄时，火候不宜太大，否则很容易炸糊。

腰果

果仁凉拌西葫芦

◎ **原料** 花生米100克，腰果80克，西葫芦400克，蒜末、葱花各少许

◎ **调料** 盐4克，鸡粉3克，生抽4毫升，芝麻油2毫升，食用油适量

◎ **做法**

1.洗净的西葫芦切片。 2.西葫芦焯水1分钟，捞出。 3.将花生米、腰果倒入沸水锅中，煮半分钟，捞出。 4.花生米、腰果用油炸1分30秒，捞出。 5.将西葫芦倒入碗中，加盐、鸡粉、生抽、蒜末、葱花、芝麻油，倒入花生米和腰果，拌匀，盛出，装入盘中即可。

TIPS

中医认为西葫芦具有清热利尿、除烦止渴、润肺止咳的功效。花生米和腰果焯煮后要沥干水分，以免炸的时候溅油。

芥蓝腰果炒香菇

难易度：★★★ ◎2分钟 益温中益气

◎ **原料** 芥蓝130克，鲜香菇55克，腰果50克，红椒25克，姜片、蒜末、葱段各少许

◎ **调料** 盐3克，鸡粉少许，白糖2克，料酒4毫升，水淀粉、食用油各适量

◎ **做法**

1.洗净的香菇切粗丝，洗好的红椒切圈，洗净的芥蓝切小段。2.锅中注水烧开，放入食用油、盐，放入芥蓝段，煮约半分钟，倒入香菇丝，续煮至断生，捞出，热锅注油，放入腰果，炸约1分钟，捞出。3.用油起锅，放入姜片、蒜末、葱段，倒入食材，淋入料酒，加入盐、鸡粉、白糖，炒至糖分溶化，放入红椒圈，炒至全部食材熟透，倒入水淀粉勾芡，倒入腰果，炒匀，盛在盘中即可。

西芹腰果虾仁

难易度：★★☆ ◎2分钟 益脾健胃

◎ **原料** 西芹90克，虾仁60克，胡萝卜45克，腰果35克，姜片、蒜末、葱段各少许

◎ **调料** 盐2克，料酒3毫升，水淀粉、食用油各适量

◎ **做法**

1.洗净的西芹、胡萝卜切小块。2.洗好的虾仁去虾线，加调料腌渍入味。3.胡萝卜块、西芹焯水后捞出，腰果炸至其呈微黄色后捞出。4.锅底留油，倒入虾仁，淋入料酒，放入姜片、蒜末、葱段，炒至虾身弯曲，倒入食材，加入盐、水淀粉，炒熟，盛出，装盘，撒上腰果即成。

黑豆

黑豆银耳豆浆

难易度：★★☆ 16分钟 补肾健胃

◎ **原料** 水发黑豆50克，水发银耳20克

◎ **调料** 白糖适量

◎ **做法**

1. 将已浸泡8小时的黑豆洗净，把洗好的黑豆倒入滤网，沥干水分。2. 将黑豆、银耳倒入豆浆机中，注入适量清水。3. 盖上豆浆机机头，选择"五谷"程序，待豆浆机运转约15分钟，即成豆浆。4. 把煮好的豆浆倒入滤网，滤取豆浆。5. 将滤好的豆浆倒入碗中，加入少许白糖，搅拌均匀，至白糖溶化即可。

TIPS

泡发的银耳可用自来水冲洗一会儿，这样更易清洗干净。黑豆煮熟食用利肠，炒熟食用闭气，生食易造成肠道阻塞。

①

②
③
④

⑤

Part 5

孕晚期营养餐

　　进入孕晚期，准妈妈也到了怀孕过程中最为困难亦是最甜蜜的时候。当分娩的阶段越来越临近，准妈妈们最大的变化就是肚子了，毫不夸张地说简直是一天一个样。随着胎儿的迅速生长，身体随之变化，对饮食的营养要求也有所不同。此阶段对食物的品质要求非常高，每天要合理安排饮食。此外，要注意休息，因为孕晚期肚子的增大对准妈妈已经是一种负担，如果过度劳累，可能引发早产。接下来的一章将为各位准妈妈介绍适合孕晚期食用的各种营养佳肴。

茼蒿

草菇扒茼蒿

难易度：★★★ ◎3分钟 ♛补中益气

◉ **原料** 草菇80克，茼蒿200克

◉ **调料** 盐3克，鸡粉3克，料酒8毫升，蚝油6克，老抽2毫升，水淀粉3毫升，食用油适量

◉ **做法**

1.洗净的草菇对半切开。2.茼蒿焯水后捞出，摆入盘中。3.草菇倒入沸水锅中，煮断生，捞出。4.用油起锅，倒入草菇，淋入料酒，炒香，加入清水。5.加入适量蚝油、老抽、盐、鸡粉，炒匀，倒入适量水淀粉，炒匀，将炒好的草菇盛出，放在茼蒿上即可。

TIPS

草菇的赖氨酸含量较高，还是一种高钾低钠的食物，常食可以增强免疫力。新鲜的草菇先焯烫一下，有利于去掉土腥味。

茼蒿拌鸡丝

难易度：★★★ ◻3分钟 开胃消食

◉ **原料** 鸡胸肉160克，茼蒿120克，彩椒50克，蒜末、熟白芝麻各少许

◉ **调料** 盐3克，鸡粉2克，生抽7毫升，水淀粉、芝麻油、食用油各适量

◉ **做法**

1.洗净的茼蒿切段，洗好的彩椒切粗丝。2.洗净的鸡胸肉切丝，加入盐、鸡粉、水淀粉、食用油，腌渍约10分钟。3.锅中注水烧开，加入食用油、盐，倒入彩椒丝，放入茼蒿，煮至食材断生后捞出，沥干水分，沸水锅中倒入鸡肉丝，煮至鸡肉丝熟软后捞出。4.取一个碗，倒入彩椒丝、茼蒿，放入鸡肉丝，撒上蒜末，加入盐、鸡粉，淋入生抽、芝麻油，拌一会儿，至食材入味，取一个干净的盘子，盛入拌好的食材，撒上白芝麻，摆好盘即成。

茼蒿炒豆干

难易度：★★☆ ◻2分钟 健脾益胃

◉ **原料** 茼蒿200克，豆干180克，彩椒50克，蒜末少许

◉ **调料** 盐2克，料酒8毫升，水淀粉5毫升，生抽、食用油各适量

◉ **做法**

1.豆干切条，洗净的彩椒切条，洗好的茼蒿切段。2.豆干滑油片刻后捞出。3.锅底留油，放入蒜末、彩椒、茼蒿段、豆干，炒至茼蒿七成熟，加盐、生抽、料酒，炒匀调味，淋入水淀粉，炒匀，盛出炒好的食材，装入盘中即可。

雪里蕻

①

②

③

④

⑤

⑥

雪里蕻炒油渣

难易度：★★☆　⏱5分钟　🍲益气补虚

◎**原料** 雪里蕻300克，红椒40克，肥肉150克，蒜末少许

◎**调料** 盐2克，鸡粉2克，食用油适量

◎**做法**

1.洗净的雪里蕻切成段。2.洗好的红椒切开，去籽，再切成小块。3.洗好的肥肉切成片，备用。4.用油起锅，放入切好的肥肉，炒匀。5.放入蒜末、爆香，倒入雪里蕻、红椒，翻炒均匀。6.加入适量盐、鸡粉，炒匀，盛出炒好的菜肴，装入盘中即可。

TIPS

雪里蕻含有抗坏血酸、胡萝卜素、纤维素、钙、镁、钾、钠等营养成分，具有醒脑提神、增进食欲、帮助消化等功效。雪里蕻在翻炒时候不要炒得太久，以免炒老后口感不佳。

雪里蕻炖豆腐

难易度：★★☆　⏱5分钟　🍲健脾和胃

◎ **原料** 雪里蕻220克，豆腐150克，肉末65克，姜末、葱花各少许

◎ **调料** 盐少许，生抽2毫升，老抽1毫升，料酒2毫升，食用油适量

◎ **做法**

1.洗净的雪里蕻切碎末，洗好的豆腐切方块。2.豆腐焯水后捞出。3.用油起锅，倒入肉末，淋入生抽，撒上姜片，炒匀，淋入料酒，倒入雪里蕻，炒至变软。4.加入清水，倒入豆腐块，加老抽、盐，炒匀调味，倒入水淀粉勾芡，炒至食材入味，盛出的食材装入碗中，撒上葱花即可。

雪里蕻炒鸭胗

难易度：★★☆　⏱2分钟　🍲开胃消食

◎ **原料** 鸭胗240克，雪里蕻150克，葱条、八角、姜片各少许

◎ **调料** 料酒16毫升，盐3克，鸡粉2克，食用油适量

◎ **做法**

1.锅中注水烧热，倒入洗净的鸭胗，放入姜片、葱条、八角，加入料酒、盐，搅匀，煮约20分钟，捞出。2.洗净的雪里蕻切碎，鸭胗切成薄片。3.用油起锅，倒入雪里蕻梗，翻炒均匀，再倒入叶子部分，翻炒片刻使其变软，倒入鸭胗，炒出香味，加盐、鸡粉，淋入料酒，炒片刻，使其入味，将炒好的菜肴盛出，装入盘中即可。

绿豆芽

甜椒炒绿豆芽

难易度：★★☆ ⏱2分钟 💊清热解毒

◎ **原料** 彩椒70克，绿豆芽65克

◎ **调料** 盐、鸡粉各少许，水淀粉2毫升，食用油适量

◎ **做法**

1.把洗净的彩椒切成丝，备用。2.锅中倒入适量食用油，下入切好的彩椒。3.再放入洗净的绿豆芽，翻炒至食材熟软。4.加入适量盐、鸡粉，翻炒均匀，使其入味。5.再倒入适量水淀粉，快速拌炒均匀至食材完全入味，起锅，将炒好的菜盛出，装入盘中即可。

TIPS

炒制绿豆芽宜用大火快炒，这样炒出来的绿豆芽外形饱满，口感鲜嫩。

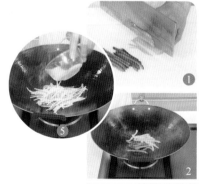

绿豆芽炒鳝丝

难易度：★★☆ ◎2分钟 ♥增强免疫力

◎ **原料** 绿豆芽40克，鳝鱼90克，青椒、红椒各30克，姜片、蒜末、葱段各少许

◎ **调料** 盐3克，鸡粉3克，料酒6毫升，水淀粉、食用油各适量

◎ **做法**

1.洗净的红椒去籽，切丝，洗好的青椒去籽，切丝，将处理干净的鳝鱼切丝。
2.把鳝鱼丝装入碗中，放入鸡粉、盐、料酒，倒入水淀粉，抓匀，注入食用油，腌渍入味。3.用油起锅，放入姜片、蒜末、葱段，放入青椒、红椒，炒匀，倒入鳝鱼丝，淋入料酒，炒香，放入洗好的绿豆芽，加入盐、鸡粉，倒入水淀粉，将锅中食材快速炒匀，把炒好的材料盛出，装入盘中即可。

黄瓜拌绿豆芽

难易度：★★☆ ◎3分钟 ♥健脾益胃

◎ **原料** 黄瓜200克，绿豆芽80克，红椒15克，蒜末、葱花各少许

◎ **调料** 盐2克，鸡粉2克，陈醋4毫升，芝麻油、食用油各适量

◎ **做法**

1.洗净的黄瓜切丝，洗好的红椒切丝。2.绿豆芽、红椒焯煮断生后捞出，沥干水分，装入碗中。3.放入黄瓜丝，加入盐、鸡粉、蒜末、葱花，倒入陈醋，拌匀至入味，淋入芝麻油，把碗中的食材搅拌匀，将拌好的材料装入盘中即成。

黄豆芽

① ② ③ ④ ⑤ ⑥

冬笋拌豆芽

难易度：★★☆ | **4分钟** | **补脾益气**

◎ **原料** 冬笋100克，黄豆芽100克，红椒20克，蒜末、葱花各少许

◎ **调料** 盐3克，鸡粉2克，芝麻油2毫升，辣椒油2毫升，食用油3毫升

◎ **做法**

1.洗净的冬笋切丝。2.洗好的红椒切丝。3.锅中注水烧开，加入食用油、盐，倒入冬笋，煮1分钟。4.倒入黄豆芽，煮断生。5.放入红椒，煮至食材熟透。6.将食材捞出，装入碗中，加盐、鸡粉、蒜末、葱花、芝麻油、辣椒油，拌匀，将拌好的食材盛出，装盘即可。

TIPS

冬笋有消炎、透毒、解醒、发豆疹、利九窍、通血脉、化痰涎、消食胀之功效，所含粗纤维对肠胃有促进蠕动的功用，对治疗便秘有一定的效用。冬笋和黄豆芽口感都很爽脆，入锅煮制的时间不宜过长。

黄豆芽炒猪皮

难易度：★★★ ◻1分钟 ☷提高免疫力

◉ **原料** 猪皮200克，红椒30克，黄豆芽90克，姜片、蒜末、葱段各少许

◉ **调料** 盐2克，鸡粉2克，料酒5毫升，老抽3毫升，水淀粉4毫升，食用油适量

◉ **做法**

1.锅中注入开水，放入洗好的猪皮，煮10分钟，捞出。2.洗净的红椒切条，猪皮切去多余的肥肉，切成条，淋入老抽，拌匀，起油锅，倒入猪皮，炸出香味，捞出。3.锅底留油，放入姜片、蒜末、葱段，爆香，放入红椒、黄豆芽，淋入料酒，炒匀，倒入猪皮，炒匀，加入盐、鸡粉，倒入水淀粉，翻炒均匀，盛出，装入盘中即可。

白萝卜丝炒黄豆芽

难易度：★★☆ ◻2分钟 ☷清燥润肺

◉ **原料** 白萝卜400克，黄豆芽180克，彩椒40克，姜末、蒜末各少许

◉ **调料** 盐4克，鸡粉2克，蚝油10克，水淀粉6毫升，食用油适量

◉ **做法**

1.洗净去皮的白萝卜切丝，洗好的彩椒切粗丝。2.锅中注水烧开，加入盐，放入洗净的黄豆芽，煮约半分钟，再倒入白萝卜丝，煮约1分钟，倒入彩椒丝，拌匀，略煮一会儿，捞出。3.用油起锅，放入姜末、蒜末，倒入焯煮好的食材，炒匀，加入盐、鸡粉、蚝油，倒入水淀粉，炒至食材熟透，盛出炒好的食材，装入盘中即可。

香菇

荷兰豆炒香菇

难易度：★★☆ ◎ 2分钟 ◎ 健胃润肠

◎ **原料** 荷兰豆120克，鲜香菇60克，葱段少许

◎ **调料** 盐3克，鸡粉2克，料酒5毫升，蚝油6克，水淀粉4毫升，食用油适量

◎ **做法**

1.洗净的荷兰豆切去头尾，洗好的香菇切粗丝。2.锅中注水烧开，加入盐、食用油、鸡粉，倒入香菇丝，煮片刻。3.倒入荷兰豆，煮断生，捞出。4.用油起锅，倒入葱段。5.放入荷兰豆、香菇，淋入料酒，倒入蚝油，加鸡粉、盐、水淀粉，炒匀，盛出装盘即可。

TIPS

香菇有健脾胃、益智安神、美容养颜之功效。香菇含有丰富的维生素D，能促进钙的吸收，有助于骨骼和牙齿的发育。

香菇鸡腿汤

难易度：★★☆　22分钟　健胃润肠

◎原料 鸡腿100克，鲜香菇40克，胡萝卜25克

◎调料 盐2克，料酒4毫升，鸡汁、食用油各适量

◎做法

1.将去皮洗净的胡萝卜切成片，洗净的香菇切成粗丝，洗好的鸡腿斩成小件。

2.锅置火上，注入适量清水，用大火烧开，倒入鸡腿，拌匀，煮约1分钟，氽去血渍，捞出，沥干水分。3.用油起锅，放入香菇丝，倒入鸡腿，炒匀，淋入料酒，注入清水，放入胡萝卜片，搅拌几下，倒入鸡汁，加入盐，拌匀，煮约20分钟至全部食材熟透，盛出煮好的汤料，放在碗中即成。

香菇扒茼蒿

难易度：★★☆　2分钟　清热解毒

◎原料 茼蒿200克，水发香菇50克，彩椒片、姜片、葱段各少许

◎调料 盐3克，鸡粉2克，料酒8毫升，蚝油8克，老抽2毫升，水淀粉5毫升，食用油适量

◎做法

1.泡好的香菇切块，洗净的茼蒿切去根部。2.茼蒿焯水后捞出，摆入盘中，香菇焯水片刻后捞出。3.用油起锅，放入彩椒片、姜片、葱段、香菇，淋入料酒、清水，加盐、鸡粉、蚝油、老抽，炒匀，倒入水淀粉勾芡盛出，放在茼蒿上即可。

丝瓜

丝瓜烧菜花

难易度：★★☆　⏱2分钟　🍴开胃消食

◎**原料** 菜花180克，丝瓜120克，西红柿100克，蒜末、葱段各少许

◎**调料** 盐3克，鸡粉2克，料酒4毫升，水淀粉6毫升，食用油适量

◎**做法**

1洗净的丝瓜切小块。2洗好的菜花切小朵，洗净的西红柿切小块。3锅中注水烧开，加入食用油、盐。4放入菜花，煮断生后捞出。5用油起锅，放入蒜末、葱段。6倒入丝瓜块、西红柿、菜花，淋入料酒，注入清水，加盐、鸡粉、水淀粉，炒熟，盛出，装入盘中即成。

TIPS

丝瓜含有蛋白质、碳水化合物、钙、磷、铁及维生素B_1、维生素C、皂苷、植物黏液、木糖胶、丝瓜苦味质等，有活血通络的功效，对高血压有很好的食疗作用。菜花的根部口感较差，可将其切除。

丝瓜炒猪心

难易度：★★★ ⏱2分钟 🍲健脾养胃

◎ **原料** 丝瓜120克，猪心110克，胡萝卜片、姜片、蒜末、葱段各少许

◎ **调料** 盐3克，鸡粉2克，蚝油5克，料酒4毫升，水淀粉、食用油各适量

◎ **做法**

1.洗净去皮的丝瓜切小块。2.洗净的猪心切片，加入盐、鸡粉、料酒、水淀粉，腌渍入味。3.丝瓜焯水后捞出，猪心氽煮约半分钟后捞出。4.用油起锅，倒入胡萝卜片、姜片、蒜末、葱段、丝瓜、猪心炒匀，放入蚝油、鸡粉、盐、水淀粉，炒入味，盛出炒好的菜肴，放在盘中即成。

草菇丝瓜炒虾球

难易度：★★★ ⏱2分钟 🍲补中消食

◎ **原料** 丝瓜130克，草菇100克，虾仁90克，胡萝卜片、姜片、蒜末、葱段各少许

◎ **调料** 盐3克，鸡粉2克，蚝油6克，料酒4毫升，水淀粉、食用油各适量

◎ **做法**

1.洗净的草菇切小块，洗净去皮的丝瓜切小段。2.洗净的虾仁去虾线，加调料腌渍入味。3.草菇焯煮至八成熟，捞出。4.用油起锅，放入胡萝卜片、姜片、蒜末、葱段，倒入虾仁，炒至虾身弯曲，淋入料酒，放入丝瓜、草菇，炒至丝瓜析出汁水，注入清水，倒入蚝油，加入盐、鸡粉、水淀粉炒透，盛出炒好的菜肴，放在盘中即成。

鲤鱼

豉油蒸鲤鱼

难易度：★★☆ ⏱9分钟 📖和中润肠

◎**原料** 净鲤鱼300克，姜片20克，葱条15克，彩椒丝、姜丝、葱丝各少许

◎**调料** 盐3克，胡椒粉2克，蒸鱼豉油15毫升，食用油少许

◎**做法**

1.取一个干净的蒸盘，摆上洗净的葱条，放入处理好的鲤鱼，放上姜片，撒上盐，腌渍入味。2.蒸锅上火烧开，放入蒸盘。3.蒸至食材熟透。4.取出食材，拣出姜片、葱条，撒上姜丝，放上彩椒丝、葱丝。5.撒上胡椒粉，浇上少许热油，最后淋入适量蒸鱼豉油即

TIPS

鲤鱼含有极为丰富的蛋白质，而且容易被人体吸收。烹制鲤鱼时不用放味精，因为它本身就有很好的鲜味。

紫苏烧鲤鱼

难易度：★★☆　□ 3分钟　☷ 清热解毒

◎ 原料 鲤鱼1条，紫苏叶30克，姜片、蒜末、葱段各少许

◎ 调料 盐4克，鸡粉3克，生粉20克，生抽5毫升，水淀粉10毫升，食用油适量

◎ 做法

1.洗净的紫苏叶切段，处理好的鲤鱼撒上盐、鸡粉、生粉，腌渍入味。2.热锅注油，放入鲤鱼，炸至金黄色，把炸好的鲤鱼装入盘中。3.锅底留油，放入姜片、蒜末、葱段，爆香，注入适量清水，加入适量生抽、盐、鸡粉，拌匀，放入鲤鱼，煮2分钟至入味，倒入紫苏叶，继续煮片刻至熟软，把煮好的鲤鱼捞出，装入盘中，再把锅中的汤汁加热，淋入适量的水淀粉勾芡，将芡汁浇在鱼身上即可。

糖醋鲤鱼

难易度：★★☆　□ 3分钟　☷ 调中开胃

◎ 原料 鲤鱼550克，蒜末、葱丝少许

◎ 调料 盐2克，白糖6克，白醋10毫升，番茄酱、水淀粉、生粉、食用油各适量

◎ 做法

1.洗净的鲤鱼切上花刀。2.热锅注油，将鲤鱼滚上生粉，放到油锅中，炸至两面熟透，捞出，沥干油。3.锅底留油，倒入蒜末，注入清水，加入盐、白醋、白糖，搅拌匀，加入番茄酱，拌匀，倒入水淀粉，拌至汤汁浓稠，盛出汤汁，浇在鱼身上，点缀上葱丝即可。

鲈鱼

柠香鲈鱼

难易度：★★☆ ⏱15分钟 ▦补中益气

◎**原料** 鲈鱼350克，柠檬45克，彩椒20克，姜片、葱条各少许

◎**调料** 盐3克

◎**做法**

1.把柠檬切开，将柠檬汁挤入碗中。2.取部分洗净的葱切细丝，洗好的彩椒切丝。3.处理干净的鲈鱼切上花刀。4.将鲈鱼放入蒸盘中，撒上盐，抹匀，将姜片、葱条塞入鱼腹中，淋上柠檬汁，腌渍入味。5.蒸锅上火烧开，放入蒸盘，蒸至食材熟透，取出。6.取出鱼腹中的姜片和葱条，点缀上葱丝、彩椒丝即可。

TIPS

柠檬具有止渴生津、疏滞健胃等功能。鲈鱼肉质细嫩，味美清香，营养和药用价值都很高。鲈鱼可治胎动不安、妊娠期浮肿、产后乳汁缺乏等症，对准妈妈、产后妇女来说是健身补血、健脾益气、益体安康的佳品。

浇汁鲈鱼

难易度：★★☆　⏱17分钟　🍴健脾益气

◉ **原料** 鲈鱼270克，豌豆90克，胡萝卜60克，玉米粒45克，姜丝、葱段、蒜末各少许

◉ **调料** 盐2克，番茄酱、水淀粉各适量，食用油少许

◉ **做法**

1. 洗净的鲈鱼装碗，加盐、姜丝、葱段，腌渍入味。2. 洗净去皮的胡萝卜切丁，鲈鱼去鱼骨，两侧切条，放入蒸盘中。3. 胡萝卜、豌豆、玉米粒焯煮断生后捞出。4. 蒸锅上火烧开，放入蒸盘，蒸约15分钟，取出。5. 用油起锅，倒入蒜末、焯过水的食材、番茄酱，注入清水，煮沸，倒入水淀粉，调成菜汁，盛出菜汁，浇在鱼身上即可。

黄芪鲈鱼

难易度：★★☆　⏱33分钟　🍴健脾益胃

◉ **原料** 鲈鱼1条，水发木耳45克，黄芪15克，姜片25克，葱花少许

◉ **调料** 盐3克，鸡粉2克，胡椒粉少许，料酒10毫升

◉ **做法**

1. 洗好的木耳切小块。2. 砂锅中注入适量清水，放入洗净的黄芪，炖15分钟，至其析出有效成分。3. 用油起锅，倒入姜片，放入处理干净的鲈鱼，煎至金黄色，淋入料酒、清水，倒入药汁，放入木耳，煮至食材熟透，放入少许盐、鸡粉、胡椒粉，搅拌匀，略煮片刻，至食材入味，盛出煮好的食材，装入碗中，放入葱花即可。

福寿鱼

糖醋福寿鱼

难易度：★★☆ ⏱️4分钟 🍴健脾消食

◎ **原料** 福寿鱼400克，姜末、蒜末、葱花各少许

◎ **调料** 盐2克，番茄酱10克，白糖8克，白醋6毫升，水淀粉4毫升，生粉、食用油各适量

◎ **做法**

1.处理干净的福寿鱼两面切上网格花刀。2.热锅注油，将福寿鱼裹上生粉，放入油锅中，炸至金黄色，捞出。3.用油起锅，倒入姜末、蒜末、番茄酱、白醋、白糖，拌匀，加盐、水淀粉，撒上葱花，拌匀，调制成味汁，盛出味汁，浇在炸好的鱼上即可。

TIPS

福寿鱼含有蛋白质、不饱和脂肪酸、维生素等营养成分，具有增强免疫力、促进婴幼儿大脑和身体发育等功效。

枸杞叶福寿鱼

难易度：★★☆　⏱20分钟　🍲补脾益气

◎ **原料** 福寿鱼500克，枸杞叶30克，姜丝、葱花各少许

◎ **调料** 盐3克，鸡粉2克，料酒4毫升，食用油适量

◎ **做法**

1.用油起锅，放入处理干净的福寿鱼，煎出焦香味，将福寿鱼翻面，煎至焦黄色。

2.淋入少许料酒，再倒入适量开水，放入姜丝，加入适量盐、鸡粉，盖上盖，用小火焖5分钟至鱼肉熟透。3.揭盖，放入洗净的枸杞叶，拌匀煮沸，盛出装入碗中，撒上葱花即可。

豉香福寿鱼

难易度：★★☆　⏱13分钟　🍲补中益气

◎ **原料** 福寿鱼700克，葱丝、姜丝、红椒丝各少许

◎ **调料** 蒸鱼豉油10毫升，食用油适量

◎ **做法**

1.在处理洗净的福寿鱼背部切一字刀，将福寿鱼放入盘中，放上姜丝。2.蒸锅注水烧开，放入福寿鱼，蒸10分钟至其熟透，取出蒸好的福寿鱼，浇上蒸鱼豉油，放上葱丝、姜丝、红椒丝。3.另起锅，注入适量食用油烧热，将热油淋在鱼身上，趁热食用即可。

蛤蜊

莴笋炒蛤蜊

难易度：★★★ ◯2分钟 ❀补气养血

◉ 原料 莴笋、胡萝卜各100克，熟蛤蜊肉80克，姜片、蒜末、葱段各少许

◉ 调料 盐3克，鸡粉2克，蚝油6克，料酒4毫升，水淀粉、食用油各适量

◉ 做法

1.胡萝卜、莴笋洗净去皮切片。2.锅中注水烧开，加盐、食用油。3.倒入莴笋片、胡萝卜片，煮至断生后捞出。4.用油起锅，放入姜、蒜、葱爆香。5.倒入熟蛤蜊肉，淋入料酒炒匀，倒入莴笋片、胡萝卜片，炒至熟软。6.加蚝油、盐、鸡粉、水淀粉，炒匀即成。

TIPS

熟蛤蜊肉可以用少许的料酒腌渍一会儿，这样不仅能去除它的腥味，还能为菜肴增添风味，口味更佳。

芋头蛤蜊茼蒿汤

难易度：★★☆ ⏱11分钟 🍱健脾消食

◎**原料** 香芋200克，茼蒿90克，蛤蜊180克，枸杞、蒜末各少许

◎**调料** 盐2克，鸡粉2克，食用油适量

◎**做法**

1.洗净去皮的香芋切段，将洗净的茼蒿切段，洗净的蛤蜊打开，去除内脏。2.用油起锅，放入蒜末，倒入香芋，略炒片刻，注入清水，放入洗净的枸杞，烧开后煮5分钟，放入蛤蜊，加入少许盐、鸡粉，搅匀，再煮3分钟，撇去汤中的浮沫。3.放入切好的茼蒿，拌匀，煮至熟软，盛出煮好的汤料，装入汤碗中即可。

蛤蜊炒饭

难易度：★★☆ ⏱3分钟 🍱清热生津

◎**原料** 蛤蜊肉50克，洋葱40克，鲜香菇35克，胡萝卜50克，彩椒40克，芹菜25克，大米饭、糙米饭各100克

◎**调料** 盐2克，鸡粉2克，胡椒粉少许，芝麻油2毫升，食用油适量

◎**做法**

1.洗净去皮的胡萝卜切粒；洗好的香菇、芹菜、彩椒、洋葱切粒。2.锅中注水烧开，倒入胡萝卜、香菇，煮至其断生，捞出。3.用油起锅，倒入芹菜、彩椒、洋葱，倒入大米饭、糙米饭，炒松散，加入蛤蜊肉、胡萝卜、香菇炒匀，加盐、鸡粉、胡椒粉、芝麻，炒一会儿即可。

干贝

干贝苦瓜粥

难易度 ★★☆ ◎ 37分钟 📶 清热解毒

◎ **原料** 水发大米120克，苦瓜100克，干贝35克，姜片少许

◎ **调料** 盐2克，芝麻油少许

◎ **做法**

1.苦瓜洗净去除瓜瓤，再切成片。2.砂锅中注水烧开，倒入洗净的干贝。3.再放入大米，轻轻搅拌匀。4.撒入姜片，略微搅拌几下，使米粒均匀地散开，煮沸后用小火煮至米粒变软，倒入苦瓜片，拌匀。5.煮至全部食材熟透，加盐、芝麻油，煮至粥入味即成。

TIPS

放入苦瓜片后要搅拌一会儿，使其浸入米粒中，这样可以缩短烹饪的时间。

菠菜干贝脊骨汤

难易度：★★☆　⏱42分钟　🍲理气补血

◉ **原料** 猪脊骨段400克，菠菜75克，干贝15克，姜片少许

◉ **调料** 盐、鸡粉各2克，料酒10毫升

◉ **做法**

1.将洗净的菠菜切去根部，切段。2.锅中注入清水烧开，放入脊骨段，搅匀，淋入料酒，煮至余去血渍后捞出，沥干水分。3.砂锅中注入清水烧开，倒入姜片、干贝，放入脊骨段，淋入料酒，煮沸后用小火煮约40分钟，至脊骨熟透，加入盐、鸡粉，搅匀，倒入菠菜，煮至其熟软即成。

TIPS

加入调料前，要撇去汤中的浮沫，以免饮用时影响口感。

韭菜炒干贝

难易度：★★☆　⏱2分钟　🍲补脾益气

◉ **原料** 韭菜200克，彩椒60克，干贝80克，姜片少许

◉ **调料** 料酒10毫升，盐2克，鸡粉2克，食用油适量

◉ **做法**

1.洗净的韭菜切段，洗好的彩椒切条。2.热锅注油烧热，放入姜片，倒入洗好的干贝，炒出香味，淋入料酒，放入彩椒丝，炒匀，倒入韭菜段，炒至熟软，加入盐、鸡粉，炒匀调味。3.盛出炒好的食材，装入盘中即可。

鸽肉

香菇蒸鸽子

难易度：★★☆　　⊙17分钟　　温中补气

◎原料 鸽子肉350克，鲜香菇40克，红枣20克，姜片、葱花各少许

◎调料 盐2克，鸡粉2克，生粉10克，生抽4毫升，料酒5毫升，芝麻油、食用油各适量

◎做法

1.香菇洗净切粗丝。2.红枣切开，去核，留枣肉待用。3.鸽子斩成小块装碗，加入鸡粉、盐、生抽、料酒、姜片、红枣肉、香菇丝、生粉、芝麻油腌渍入味。4.将食材放蒸盘中，静置片刻。5.放入蒸锅中蒸至熟。6.取出食材，趁热撒上葱花，浇上热油即成。

TIPS

先在蒸盘上刷一层食用油，再放入食材，可以使蒸好的食材口感更好。

桑葚薏米炖乳鸽

难易度：★★☆ ◯ 42分钟 ⊕ 补中益气

◎ **原料** 乳鸽400克，水发薏米70克，桑葚干20克，姜片、葱段各少许

◎ **调料** 料酒20毫升，盐2克，鸡粉2克

◎ **做法**

1. 锅中注入清水烧开，放入洗净的乳鸽，倒入适量料酒，煮至沸，汆去血水，将汆煮好的乳鸽捞出，沥干水分。2. 砂锅中注入清水烧开，倒入乳鸽，放入洗净的薏米、桑葚干，加入姜片，淋入料酒，烧开后用小火炖40分钟，至食材软烂。3. 撇去汤中浮沫，放入盐、鸡粉，拌匀，盛出煮好的汤料，装入碗中即可。

四宝炖乳鸽

难易度：★★☆ ◯ 51分钟 ⊕ 美容养颜

◎ **原料** 乳鸽1只，山药200克，姜片20克，水发香菇45克，远志10克，枸杞8克

◎ **调料** 料酒10毫升，盐2克，鸡粉2克

◎ **做法**

1. 洗好去皮的山药切小块，泡发洗净的香菇切小块，处理好的乳鸽切小块。2. 锅中注水烧开，倒入乳鸽块，淋入适量料酒，汆去血水，捞出。3. 砂锅中注水烧开，放入洗净的远志、枸杞，撒入姜片，倒入香菇块，放入乳鸽肉，淋入少许料酒，拌匀，炖至食材熟烂，放入切好的山药，炖至山药熟软，放入少许盐、鸡粉，拌至食材入味，盛出装碗即可。

鹌鹑蛋

豆腐蒸鹌鹑蛋

难易度 ★★☆　⏲7分钟　💪提高免疫力

◎原料 豆腐200克，熟鹌鹑蛋45克，肉汤100毫升

◎调料 鸡粉2克，盐少许，生抽4毫升，水淀粉、食用油各适量

◎做法

1.洗好的豆腐切成条形，熟鹌鹑蛋去皮，对半切开，把豆腐装入蒸盘，挖小孔，再放入鹌鹑蛋，摆好，压平，撒上少许盐。2.蒸锅上火烧开，放入蒸盘，蒸约5分钟至熟，取出蒸盘。3.用油起锅，倒入适量肉汤，淋入少许生抽，加入适量鸡粉、盐，搅匀，倒入少许水淀粉，搅匀，制成味汁，盛出浇在豆腐上即可。

TIPS

在豆腐上挖孔时力度要轻，以免将豆腐弄破。

鹌鹑蛋烧板栗

难易度：★★★　◎17分钟　温中益气

◎ **原料** 熟鹌鹑蛋120克，胡萝卜80克，板栗肉70克，红枣15克

◎ **调料** 盐、鸡粉各2克，生抽5毫升，生粉15克，水淀粉、食用油各适量

◎ **做法**

1.将熟鹌鹑蛋放入碗中，淋入少许生抽，再撒上少许生粉，拌匀。2.把去皮洗净的胡萝卜切滚刀块，洗好的板栗肉切成小块。3.热锅注油，下入鹌鹑蛋，炸至呈虎皮状，倒入切好的板栗，炸至水分全干，捞出炸好的食材，沥干油。4.用油起锅，注入适量清水，倒入洗净的红枣、胡萝卜块，再放入炸过的食材，搅拌匀，使全部食材混合匀，加入盐、鸡粉，煮至全部食材熟透，炒至汤汁收浓，淋入水淀粉勾芡，盛出炒好的食材，放入碗中即成。

鹌鹑蛋牛奶

难易度：★★☆　◎2分钟　滋阴补气

◎ **原料** 熟鹌鹑蛋100克，牛奶80毫升

◎ **调料** 白糖5克

◎ **做法**

1.将熟鹌鹑蛋对半切开。2.砂锅中注入适量清水烧开，倒入牛奶，放入鹌鹑蛋，搅拌片刻，煮约1分钟。3.加入白糖，搅匀，煮至溶化，盛出煮好的汤料，装入碗中，待稍微放凉即可食用。

桑葚

草莓桑葚奶昔

难易度: ★★☆ ⏱2分钟 🍴开胃消食

◎**原料** 草莓65克,桑葚40克,冰块30克,酸奶120毫升

◎**做法**

1.洗净的草莓切小瓣。2.洗好的桑葚对半切开,冰块敲碎,呈小块状。3.将酸奶装入碗中,倒入大部分的桑葚、草莓。4.用勺搅拌至酸奶完全裹匀草莓和桑葚。5.倒入冰块,搅拌匀,将拌好的奶昔装入杯中。6.点缀上剩余的草莓、桑葚即可。

TIPS

如果肠胃不好,不适宜吃冰凉的食物,可以不加冰块;相反,夏季炎热,如果喜爱冷饮的人可加多点冰块,能消暑降温。

桑葚莲子银耳汤

难易度：★★☆ ⏲40分钟 🩺解毒生津

◎ **原料** 桑葚干5克，水发莲子70克，水发银耳120克

◎ **调料** 冰糖30克

◎ **做法**

1. 洗好的银耳切成小块。2. 砂锅中注水烧开，倒入桑葚干，煮至其析出营养物质，捞出。3. 倒入莲子、银耳，煮至食材熟透，倒入冰糖，煮至冰糖溶化即可。

TIPS

莲子不易煮熟，可提前用水泡发好以节省烹饪时间。

桑葚牛骨汤

难易度：★★☆ ⏲124分钟 🩺壮筋骨

◎ **原料** 桑葚15克，枸杞10克，姜片20克，牛骨600克

◎ **调料** 盐3克，鸡粉3克，料酒20毫升

◎ **做法**

1. 锅中注入适量清水烧开。2. 倒入洗净的牛骨，搅散，淋入适量料酒，煮至沸，将氽煮好的牛骨捞出，沥干水分。3. 砂锅中注入适量清水烧开，倒入氽过水的牛骨，放入洗净的桑葚、枸杞，淋入适量料酒。4. 炖2小时，至食材熟透，放入少许盐、鸡粉，搅拌片刻，至食材入味，将炖煮好的汤料盛出，装入碗中即可。

哈密瓜

哈密瓜酸奶

难易度：★☆☆　　1分钟　　清热解毒

◎原料　哈密瓜200克，酸奶150毫升

◎做法

1.洗净去皮的哈密瓜切厚片，再切条，改切成粒，待用。2.将酸奶倒入一个干净的砂锅中，加热煮沸。3.倒入切好的哈密瓜，略煮片刻。4.用勺子边煮边搅拌，使其更入味。5.将煮好的哈密瓜酸奶盛出，装入碗中即可。

TIPS

　　酸奶容易粘锅，煮时要不停地搅动，可使其受热均匀。另外，煮的时间不宜过长，否则会使营养丧失。

椰香哈密瓜球

难易度：★☆☆　◎7分钟　健胃润肠

◎原料 哈密瓜800克，椰浆20毫升，牛奶200毫升，白糖适量

◎做法

1.用挖球器挖取哈密瓜果肉。2.把哈密瓜球放入杯中，待用。3.砂锅中倒入牛奶、椰浆、白糖，略煮一会儿，盛出煮好的奶汁，倒入杯中即可。

TIPS 可以用蜂蜜代替白糖，待奶汁煮好稍放凉后加入并拌匀。

哈密瓜奶昔

难易度：★☆☆　◎2分钟　健脾消食

◎原料 哈密瓜180克，牛奶350毫升，奶油35克

◎做法

1.洗净去皮的哈密瓜切开，去除瓜瓤，将果肉切成小块。2.取榨汁机，选择搅拌刀座组合。3.倒入哈密瓜、奶油，再注入牛奶。4.盖上盖，选择"榨汁"功能，榨取汁水。5.断电后倒出榨好的奶昔即可。

核桃仁

核桃仁鸡丁

难易度: ★★★ ◎2分钟 ⊕滋阴补气

◎**原料** 核桃仁30克,鸡胸肉180克,青椒40克,胡萝卜50克,姜片、蒜末、葱段各少许

◎**调料** 盐、鸡粉、小苏打、料酒、水淀粉、油各适量

◎**做法**

1.胡萝卜去皮切丁;青椒、鸡胸肉切丁。2.鸡胸肉装碗,加盐、鸡粉、水淀粉、油腌渍入味;胡萝卜焯水,捞出。3.锅中加入小苏打,放入核桃仁,焯煮片刻捞出。4.核桃仁入锅滑油,捞出。5.锅底留油,放入姜、蒜、葱。6.倒入鸡肉、青椒、胡萝卜炒匀,加料酒、盐、鸡粉、水淀粉炒匀,盛出放上核桃仁即可。

TIPS

炒鸡肉时,可以放入少许柠檬汁,能使肉质更鲜嫩,也能去除鸡肉的异味,提高人的食欲。

西芹炒核桃仁

难易度：★★★ ◎3分钟 提高免疫力

◎**原料** 西芹100克，猪瘦肉140克，核桃仁30克，枸杞、姜片、葱段各少许

◎**调料** 盐4克，鸡粉2克，水淀粉3毫升，料酒8毫升，食用油适量

◎**做法**

1.洗净的西芹切段；猪瘦肉切丁。2.将肉丁装碗，加盐、鸡粉、水淀粉、食用油，腌渍至入味。3.西芹入锅焯水，捞出。4.热锅注油，放入核桃仁，炸出香味，捞出。5.锅底留油，倒入肉丁，炒至变色，淋入料酒，炒香味，放入姜片、葱段炒匀，倒入西芹，加盐、鸡粉，倒入枸杞炒匀，盛出装盘，撒上核桃仁即可。

核桃仁黑豆浆

难易度：★★★ ◎4分钟 清燥润肺

◎**原料** 水发黑豆100克，核桃仁40克

◎**调料** 白糖5克

◎**做法**

1.取榨汁机，倒入洗净的黑豆，注入适量矿泉水，选择"榨汁"功能，搅拌一会儿，榨出汁水，用隔渣袋滤去豆渣，将豆汁装入碗中。2.取榨汁机，倒入豆汁，加入洗净的核桃仁，盖好榨汁机盖，通电后选择"榨汁"功能，搅拌片刻，至核桃仁变成细末，即成生豆浆。3.砂锅中倒入生豆浆，置于大火上烧热，煮至汁水沸腾，加入少许白糖，拌匀，至白糖溶化，再撇去浮沫，盛出装入杯中即成。

酸奶

榛子腰果酸奶

难易度：★★☆ ◎3分钟 ◎健胃润肠

◎**原料** 榛子40克，腰果45克，枸杞10克，酸奶300克

◎**做法**

1. 热锅注油，烧至四成热，倒入洗净的腰果、榛子，炸出香味。2. 将炸好的腰果和榛子捞出，沥干油。3. 取一个干净的杯子，将酸奶装入杯中。4. 放入炸好的腰果、榛子。5. 再摆上洗净的枸杞装饰即可。

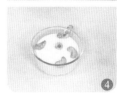

TIPS

酸奶冷藏一会儿后再使用，能使菜肴的味道更好。

Part 6

月子期营养餐

　　产后饮食是孕妇在产后时候的饮食食谱。如果产后饮食护理得当，产妇身体的康复是很快的，所以产后饮食对产妇尤为重要。大多数人都知道女性坐月子的时候需要进补。其实，我们中国有一句话是这么解释的："产前补胎，产后顾月内"。其意思就是说坐月子对母亲和婴儿都很重要。因此，在月子期间，我们应该多照顾好坐月子的女人。那么，女人坐月子吃什么好呢？下面，给大家推荐22种最适合坐月子女性吃的食物。

茭白

紫甘蓝拌茭白

难易度： ★☆☆ 2分30秒 促进乳汁分泌

◎ **原料** 紫甘蓝150克，茭白200克，圆椒50克，蒜末少许

◎ **调料** 盐2克，鸡粉2克，陈醋4毫升，芝麻油3毫升，食用油适量

◎ **做法**

1. 洗净去皮的茭白切丝。2. 洗好的圆椒切丝。3. 洗净的紫甘蓝切丝。4. 锅中放食用油、茭白，紫甘蓝、圆椒，煮熟捞出。5. 将食材装入碗中，放入蒜末、生抽、盐、鸡粉、陈醋、芝麻油，拌匀即可。

TIPS

食材焯水时间不宜太长，否则炒制时会将水分炒出，影响口感。

凉拌茭白

难易度：★☆☆ 2分钟 促进乳汁分泌

◎ **原料** 茭白200克，彩椒50克，蒜末、葱花各少许

◎ **调料** 盐3克，鸡粉2克，陈醋4毫升，芝麻油2毫升，食用油适量

◎ **做法**

1.洗净去皮的茭白切片。2.洗好的彩椒切块。3.砂锅中注入清水烧开，放盐、食用油、茭白、彩椒，煮至断生，捞出。4.将上述食材装入碗中，加入蒜末、葱花、盐、鸡粉，淋入陈醋、芝麻油。5.用筷子拌匀调味，将拌好的茭白盛出，装入盘中即可。

茭白炒荷兰豆

难易度：★★☆ 1分钟 和中下气

◎ **原料** 茭白120克，水发木耳45克，彩椒50克，荷兰豆80克，蒜末、姜片、葱段各少许

◎ **调料** 盐3克，鸡粉2克，蚝油5克，水淀粉5毫升，食用油适量

◎ **做法**

1.荷兰豆、茭白、彩椒、木耳切好备用。2.锅中注清水，放盐、食用油，茭白、木耳，煮1分钟。3.放彩椒、荷兰豆，煮熟。4.油起锅，放入蒜末、姜片、葱段、食材。5.放盐、鸡粉、蚝油、水淀粉，炒匀即可。

黄花菜

黄花菜鲫鱼汤

难易度：★★★　⏱4分30秒　👶增强母体免疫力

◎ **原料** 鲫鱼350克，水发黄花菜170克，姜片、葱花各少许

◎ **调料** 盐3克，鸡粉2克，料酒10毫升，胡椒粉少许，食用油适量

◎ **做法**

1.锅中注入食用油烧热，加入姜片。2.放入处理干净的鲫鱼，煎出焦香味。3.锅中倒入开水，放入鲫鱼。4.淋入料酒，加入盐、鸡粉、胡椒粉。5.倒入洗好的黄花菜，拌匀。6.煮3分钟，揭开锅盖，把煮好的鱼汤盛出，装入汤碗中，撒上葱花即可。

TIPS

鲫鱼入锅前要把鱼身上的水擦干，以免溅出油。

黄花菜枸杞猪腰

难易度：★★☆　2分钟　通乳安神

◎ **原料** 水发黄花菜150克，猪腰200克，枸杞10克，姜片、葱花各少许

◎ **调料** 料酒8毫升，生抽4毫升，盐2克，鸡粉2克，水淀粉5毫升，食用油适量

◎ **做法**

1.洗好的黄花菜切去花蒂，处理干净的猪腰切块。2.放入黄花菜，捞出，放入猪腰，煮熟捞出。3.用油起锅，放入姜片、猪腰、料酒、生抽，翻炒匀，放入黄花菜，翻炒片刻。4.注入清水，放入盐、鸡粉、水淀粉，放入枸杞，翻炒均匀即可。

黄花菜拌海带丝

难易度：★☆☆　2分钟　清热利湿

◎ **原料** 水发黄花菜100克，水发海带80克，彩椒50克，蒜末、葱花各少许

◎ **调料** 盐3克，鸡粉2克，生抽4毫升，白醋5毫升，陈醋8毫升，芝麻油少许

◎ **做法**

1.将洗净的彩椒、海带切粗丝。2.锅中注入清水烧开，放白醋、海带丝，略煮片刻，加入黄花菜、盐、彩椒丝，煮至熟透捞出。3.把食材装入碗中，加蒜末、葱花、盐、鸡粉，淋入生抽、芝麻油、陈醋。4.取盘子，盛入拌好的食材，摆好盘即成。

荷兰豆

荷兰豆炒彩椒

难易度：★☆☆ 　 1分30秒 　 有助于通乳

◎ **原料** 荷兰豆180克，彩椒80克，姜片、蒜末、葱段各少许

◎ **调料** 料酒3毫升，蚝油5克，盐2克，鸡粉2克，水淀粉3毫升，食用油适量

◎ **做法**

1. 彩椒洗净切条。2. 锅中注水烧开，放食用油、盐，倒入洗净的荷兰豆焯水。3. 再放入彩椒，焯水后捞出。4. 用油起锅，放姜片、蒜末、葱段爆香，倒入荷兰豆、彩椒翻炒，放料酒、蚝油、盐、鸡粉调味。5. 淋入水淀粉炒匀，盛出炒好的菜，装入盘中即可。

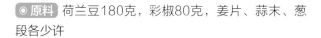

TIPS

焯煮荷兰豆时，加入少许食用油可以使成品颜色更翠绿。

荷兰豆炒胡萝卜

难易度：★★☆　⏱ 1分钟　🍲健胃益脾

◎ **原料** 荷兰豆100克，胡萝卜120克，黄豆芽80克，蒜末、葱段各少许

◎ **调料** 盐3克，鸡粉2克，料酒10毫升，水淀粉、食用油各适量

◎ **做法**

1.洗净去皮的胡萝卜对半切片。2.锅中注入清水烧开，加盐、食用油、胡萝卜片、黄豆芽，煮片刻。3.放荷兰豆，煮至八成熟，捞出。4.油起锅，放入蒜末、葱段，爆香，倒入焯过水的食材，淋入料酒，加入鸡粉、盐，炒匀调味。5.倒入适量水淀粉，用中火翻炒至食材熟透、入味即可。

荸荠炒荷兰豆

难易度：★☆☆　⏱ 1分钟　🍲提高免疫力

◎ **原料** 荸荠肉90克，荷兰豆75克，红椒15克，姜片、蒜末、葱段各少许

◎ **调料** 盐3克，鸡粉2克，料酒4毫升，水淀粉、食用油各适量

◎ **做法**

1.将荸荠肉、红椒切好备用。2.锅中加清水烧开，放入食用油、盐、荷兰豆。煮半分钟。3.放入食材煮半分钟。4.油起锅，放姜片、蒜末、葱段、食材、料酒、盐、鸡粉。倒入水淀粉，炒匀即可。

金针菇

鲜鱿鱼炒金针菇

难易度：★★☆　⏱2分钟　🌿清热利湿

◎ **原料** 鱿鱼300克，彩椒50克，金针菇90克，姜片、蒜末、葱白各少许

◎ **调料** 盐3克，鸡粉3克，料酒7毫升，水淀粉6毫升，食用油适量

◎ **做法**

1.金针菇切根部。2.把鱿鱼切片。3.彩椒切丝。4.把鱿鱼装入碗中，放入盐、鸡粉、料酒、水淀粉，抓匀，腌渍入味。5.锅中注水烧开，放入鱿鱼，捞出。6.油起锅，放入姜片、蒜末、葱白、鱿鱼、料酒、金针菇、彩椒、盐、鸡粉，水淀粉，炒匀即可。

TIPS

鱿鱼内脏中含有大量的胆固醇，切鱿鱼时，一定要去除内脏。

金针白玉汤

难易度：★★☆ ⏱2分钟 🍼促进乳汁分泌

◎ **原料** 豆腐150克，大白菜120克，水发黄花菜100克，金针菇80克，葱花少许

◎ **调料** 盐3克，鸡粉少许，料酒3毫升，食用油适量

◎ **做法**

1.将洗净的金针菇去根，洗好的大白菜切丝，洗净的豆腐切块，洗好的黄花菜去除花蒂。2.锅中注入清水烧开，加入盐、豆腐块、黄花菜，煮约1分钟，捞出。

3.用油起锅，放白菜丝、金针菇、料酒、清水。4.煮沸，倒入焯煮过的食材，加入盐、鸡粉，拌匀，再煮至食材入味即可。

菠菜拌金针菇

难易度：★☆☆ ⏱4分钟 🍼健胃消食

◎ **原料** 菠菜200克，金针菇180克，彩椒50克，蒜末少许

◎ **调料** 盐3克，鸡粉少许，陈醋8毫升，芝麻油、食用油各适量

◎ **做法**

1.将洗净的金针菇切去根部，洗好的菠菜切去根部，切段，洗净的彩椒切成粗丝。2.锅中注入清水烧开，加入食用油、盐，菠菜，煮至熟软捞出。3.倒入金针菇、彩椒丝，煮至食材熟软后捞出。4.取一个干净的碗，倒入菠菜、金针菇、彩椒丝，撒上蒜末，加入盐、鸡粉，淋入陈醋，滴上芝麻油，搅拌至食材入味即可。

草
菇

草菇西兰花

难易度：★★☆　⏱1分30秒　📖补益气血

◎ **原料** 草菇90克，西兰花200克，胡萝卜片、姜末、蒜末、葱段各少许

◎ **调料** 料酒8毫升，蚝油8克，盐2克，鸡粉2克，水淀粉、食用油各适量

◎ **做法**

1.草菇切块。2.西兰花切朵。3.锅中注水，放西兰花焯水，捞出摆盘；草菇焯水。4.用油起锅，放胡萝卜片、姜末、蒜末、葱段、草菇、料酒、蚝油、盐、鸡粉，倒入清水。5.加水淀粉勾芡，盛出倒在西兰花上即可。

①

②

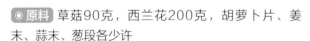
③

TIPS

④

烹饪西兰花前，可将其放入淡盐水中浸泡一会儿，再清洗干净，这样能有效清除残留的农药。

草菇扒芥蓝

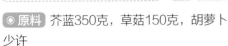

难易度：★★☆ 🕐4分钟 🔆增强免疫

◎ **原料** 芥蓝350克，草菇150克，胡萝卜少许

◎ **调料** 盐3克，鸡粉、白糖、蚝油、老抽、水淀粉、高汤、芝麻油、食用油各适量

◎ **做法**

1.将洗净的芥蓝切开菜梗，洗净的草菇切片，洗好的胡萝卜切片。2.锅中倒入清水，加盐、食用油，大火烧开，放入芥蓝，焯煮约1分钟至熟，捞出。3.锅中倒入高汤，煮沸，放入胡萝卜片、草菇、盐、鸡粉、白糖、蚝油、老抽，拌匀调味，大火煮开。4.加入水淀粉勾芡，淋入芝麻油，拌匀。5.将草菇、汤汁浇在芥蓝上即成。

椰汁草菇扒苋菜

难易度：★★☆ 🕐2分钟 🔆提高免疫力

◎ **原料** 苋菜200克，草菇150克，椰汁90毫升，姜末、蒜末各少许

◎ **调料** 盐3克，鸡粉2克，水淀粉、芝麻油、食用油各适量

◎ **做法**

1.把苋菜、草菇切好。2.锅中注入清水，加食用油、盐、苋菜，煮熟。3.加草菇，煮约1分钟捞出。4.油起锅，放姜末、蒜末、草菇、清水、盐、鸡粉、椰汁。5.加水淀粉、芝麻油。

银耳

银耳炒肉丝

难易度：★★☆ ⏱2分钟 💄美容养颜

◎ **原料** 水发银耳200克，猪瘦肉200克，红椒30克，姜片、蒜末、葱段各少许

◎ **调料** 料酒4毫升，生抽3毫升，盐、鸡粉、水淀粉、食用油各适量

◎ **做法**

1.把银耳、红椒切好。2.瘦肉切丝，放碗中，加盐、鸡粉、水淀粉、食用油。3.锅中注入清水，加食用油、盐、银耳，捞出。4.油起锅，放姜片、蒜末、肉丝、料酒。5.放食材、盐、鸡粉、生抽，6.放水淀粉、葱段，炒匀。

TIPS

银耳的根部及根部黄色部分在处理时最好去掉，以免影响口感。

紫薯百合银耳汤

难易度 ★☆☆ ⏱ 26分钟 💪 补中益气

◎ **原料** 紫薯50克，水发银耳95克，鲜百合30克

◎ **调料** 冰糖40克

◎ **做法**

1.洗好的银耳切去黄色根部，切块，洗净去皮的紫薯切丁。2.砂锅中注入清水烧开，倒入紫薯、银耳。3.煮20分钟，至食材熟软，加入百合、冰糖，拌匀。4.再盖上锅盖，用小火续煮5分钟，至冰糖溶化，揭开锅盖，把煮好的汤料盛出，装入汤碗中即可。

银耳鸭汤

难易度 ★★☆ ⏱ 32分钟 💪 清热解毒

◎ **原料** 鸭肉450克，姜片25克，水发银耳100克，枸杞10克

◎ **调料** 盐3克，鸡粉2克，料酒适量

◎ **做法**

1.银耳切块。2.鸭肉斩小块，锅中注水烧开，加鸭块，汆去血水，撇去浮沫。3.油起锅，放姜片、鸭块、料酒、清水，煮沸、枸杞。4.砂锅中放银耳，炖30分钟至熟，放鸡粉、盐，拌匀，盛出即可。

猪瘦肉

枸杞熘肉片

难易度：★★☆　🕐2分钟　👪补中益气

◎ 原料 猪瘦肉180克，彩椒40克，枸杞5克，蒜末、葱段各少许

◎ 调料 盐3克，陈醋6毫升，白糖5克，鸡粉、水淀粉、食用油各适量

◎ 做法

1.把猪瘦肉、彩椒切好。2.将肉片装碗中，放盐、鸡粉、水淀粉、食用油腌渍入味。3.锅注油，放肉片炸至转色。4.锅底留油，放蒜末、葱段、彩椒、肉片、陈醋、白糖、盐。5.拌匀，盛出即可。

TIPS

炸瘦肉片时，火候不宜太大，时间不宜过长，以免肉片过老，影响成品口感。

莲子百合干贝煲瘦肉

难易度：★★★ ⏱62分钟 💪清心安神

◎**原料** 水发莲子80克，干百合30克，猪瘦肉200克，干贝30克

◎**调料** 盐2克，鸡粉2克，料酒8毫升

◎**做法**

1.洗好的猪瘦肉切成条，再切成丁。2.锅中注入清水烧开，倒入瘦肉丁，煮至变色，捞出。3.砂锅中倒入清水烧开，倒入干百合、莲子、瘦肉、干贝、料酒，搅匀。4.煮1小时，至食材熟透，放入盐、鸡粉，煮至食材入味。5.关火后将煮好的汤料盛出，装入碗中即可。

TIPS
干贝可先用温水泡软，这样更易煮熟。

卷心菜炒肉丝

难易度：★★★ ⏱2分钟 💪提高免疫力

◎**原料** 猪瘦肉200克，卷心菜200克，红椒15克，蒜末、葱段各少许

◎**调料** 盐3克，白醋2毫升，白糖4克，料酒、鸡粉、水淀粉、食用油各适量

◎**做法**

1.把卷心菜、红椒切好。2.猪瘦肉切丝装碗，加盐、鸡粉、水淀粉、食用油腌渍。3.锅中加水，放食用油、卷心菜炒煮至断生，捞出。4.油起锅，放蒜末、肉丝、料酒翻炒。5.倒入卷心菜、红椒拌炒匀，加白醋、盐、白糖调味，放葱段，水淀粉勾芡即可。

猪腰

彩椒炒猪腰

难易度：★★☆ ⏱ 1分30秒 ⚕ 暖宫护宫

◎ **原料** 猪腰150克，彩椒110克，姜末、蒜末、葱段各少许

◎ **调料** 盐5克，鸡粉3克，料酒15毫升，生粉10克，水淀粉5毫升，蚝油8克，食用油适量

◎ **做法**

1.彩椒切小块。2.猪腰切片。3.猪腰装碗中，放盐、鸡粉、料酒、生粉腌渍入味。4.锅中注入清水烧开，放盐、食用油、彩椒，猪腰倒锅中，捞出。5.锅中倒食用油，放姜末、蒜末、葱段、猪腰、料酒。6..放彩椒、盐、鸡粉、蚝油、水淀粉，炒匀。

TIPS

焯煮好的猪腰可以在用清水清洗一下，这样能更好地去除猪腰的异味。

清炖猪腰汤

难易度：★★☆ ◎62分钟 🈴补肾益气

◎ **原料** 猪腰130克，红枣8克，枸杞、姜片各少许

◎ **调料** 盐、鸡粉各少许，料酒4毫升

◎ **做法**

1.将洗净的猪腰去除筋膜，切薄片。2.锅中注入清水烧热，放猪腰片、料酒，煮至猪腰变色，捞出。3.取来炖盅，放入氽过水的猪腰，加入红枣、枸杞、姜片、开水，淋入料酒，静置片刻，待用。4.蒸锅上火烧开，放入炖盅，盖上锅盖，小火炖1小时，揭开锅盖，取出食材，加入盐、鸡粉，搅拌几下，至食材入味即可。

冬瓜薏米猪腰汤

难易度：★★☆ ◎40分钟 🈴清热解毒

◎ **原料** 冬瓜300克，猪腰300克，水发香菇40克，水发薏米75克，荷叶9克，姜片25克

◎ **调料** 盐2克，鸡粉2克，料酒10毫升

◎ **做法**

1.洗好的香菇切成小块；洗净去皮的冬瓜去瓤，切成小块；处理好的猪腰对半切开，切掉筋膜，改切成片，入沸水锅中氽去血水，捞出待用。2.砂锅中注水烧开，放入荷叶、薏米、姜片、香菇、猪腰、冬瓜块拌匀，淋入适量料酒，盖上盖，烧开后用小火煮30分钟。3.揭盖，加入少许盐、鸡粉略煮片刻即可。

猪肚

荷兰豆炒猪肚

难易度：★★☆ ⏱1分30秒 💄美容养颜

◎**原料** 熟猪肚150克，荷兰豆100克，洋葱40克，彩椒35克，姜片、蒜末、葱段各少许

◎**调料** 盐3克，鸡粉2克，料酒10毫升，水淀粉5毫升，食用油适量

◎**做法**

1.洋葱洗净去皮切条，彩椒洗净去籽切块，熟猪肚切片。2.荷兰豆、洋葱、彩椒焯水备用。3.用油起锅，放姜片、蒜末、葱段、猪肚翻炒。4.淋料酒、生抽，放入焯过水的食材翻炒。5.加鸡粉、盐、水淀粉炒均即可。

TIPS

荷兰豆不宜焯煮过久，以免破坏其口感和营养。

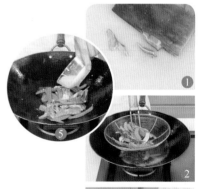

西葫芦炒肚片

难易度：★★☆ 　3分钟 　恢复元气

◎ 原料 熟猪肚170克，西葫芦260克，彩椒30克，姜片、蒜末、葱段各少许

◎ 调料 盐2克，白糖2克，鸡粉2克，水淀粉5毫升，料酒3毫升，食用油适量

◎ 做法

1. 将洗净的西葫芦切开，再切片，洗好的彩椒切块，熟猪肚用斜刀切片，备用。
2. 用油起锅，倒入姜片、蒜末、葱段、猪肚，炒匀。3.淋入适量料酒，倒入彩椒，炒香。4.放入西葫芦，炒至变软，加入盐、白糖、鸡粉、水淀粉，炒匀入味。
5. 关火后盛出炒好的菜肴即可。

西红柿猪肚汤

难易度：★★☆ 　3分钟 　补中益气

◎ 原料 西红柿150克，猪肚130克，姜丝、葱花各少许

◎ 调料 盐2克，鸡粉2克，料酒5毫升，胡椒粉、食用油各适量

◎ 做法

1. 洗净的西红柿切小块，处理干净的猪肚切块。2.炒锅中倒入食用油、姜丝、猪肚、料酒，炒匀。3.放西红柿、清水。4.煮2分钟，至食材熟透。5.放入盐、鸡粉、胡椒粉，拌匀。

鲫鱼

葱油鲫鱼

难易度：★★★ ◎4分30秒 🔲通乳利水

◎ **原料** 净鲫鱼300克，葱条20克，红椒8克，姜片、蒜末各少许

◎ **调料** 盐3克，鸡粉2克，生粉6克，生抽、老抽、水淀粉、食用油各适量

◎ **做法**

1.葱叶切葱花，红椒切细丝。2.把鲫鱼放盘中，放生抽、盐、生粉。3.热锅注油，放鲫鱼，炸2分钟，捞出。4.锅底留油，倒葱梗，捞出，放姜片、蒜末、清水、生抽、老抽、盐、鸡粉。5.放鲫鱼，煮约4分钟。6.倒水淀粉浇在鱼、红椒丝上，撒上葱花即可。

TIPS

如果用猪油炸鲫鱼，可使鱼肉更加滑嫩，而且口感也更鲜美。

山药蒸鲫鱼

难易度：★★★ ◎2分种 ❄补中益气

◎ **原料** 鲫鱼400克，山药80克，葱条30克，姜片20克，葱花、枸杞各少许

◎ **调料** 盐2克，鸡粉2克，料酒8毫升

◎ **做法**

1.洗净去皮的山药切粒。2.鲫鱼切上一字花刀，放姜片、葱条、料酒、盐、鸡粉腌渍15分钟。3.将腌渍好的鲫鱼装入盘中，撒上山药粒，放上姜片，放入烧开的蒸锅中。4.盖上锅盖，大火蒸10分钟，至食材熟透，揭开锅盖，取出蒸好的山药鲫鱼，夹去姜片，撒上葱花、枸杞即可。

鸭血鲫鱼汤

难易度：★★★ ◎6分钟 ❄促进乳汁分泌

◎ **原料** 鲫鱼400克，鸭血150克，姜末、葱花各少许

◎ **调料** 盐2克，鸡粉2克，水淀粉4毫升，食用油适量

◎ **做法**

1.将处理干净的鲫鱼剖开，切去鱼头，去除鱼骨，片下鱼肉，装入碗中，鸭血切片。2.在鱼肉中加入盐、鸡粉，拌匀，淋入水淀粉腌渍片刻。3.锅中注入清水烧开，加盐、姜末、鸭血、食用油，拌匀。4.放鱼肉，煮至熟透，撇去浮沫，把煮好的汤料盛出，装入碗中，撒上葱花即可。

黄鱼

醋香黄鱼块

难易度：★★★ ⏱7分钟 🍲健脾益气

◎ **原料** 净黄鱼150克，红椒圈、蒜末、葱段各少许

◎ **调料** 番茄酱30克，盐3克，鸡粉2克，白糖5克，生粉10克，生抽少许，白醋8毫升，水淀粉、食用油各适量

◎ **做法**

1.黄鱼加盐、淀粉，抹匀。2.锅中注入食用油，放黄鱼，炸熟。3.锅留底油，放蒜末、红椒末、番茄汁、白糖、水煮沸。4.倒入水淀粉。5.将芡汁淋在鱼身上即成。

TIPS

烹饪此菜时，可在勾芡的过程中加少许白醋，更能增添香气。

蒜烧黄鱼

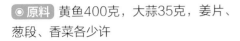

难易度：★★★ ◎6分钟 ✚补中益气

◎ **原料** 黄鱼400克，大蒜35克，姜片、葱段、香菜各少许

◎ **调料** 盐3克，鸡粉2克，生抽8毫升，料酒8毫升，生粉35克，白糖3克，蚝油7克，老抽2毫升，食用油适量

◎ **做法**

1.洗净的大蒜切片。2.黄鱼切花刀，装盘中，放盐、生抽、料酒，腌渍15分钟，撒上生粉。3.热锅注油，放入黄鱼，炸至金黄色，捞出。4.锅底留油，放入蒜片，加入姜片、葱段，加入清水、盐、鸡粉、白糖，淋入生抽、蚝油、老抽，拌匀，煮至沸，放入炸好的黄鱼，煮2分钟至入味，盛出，装入盘中。5.锅中淋入水淀粉，调成浓汤汁，把汤汁盛出，浇在黄鱼上，放上香菜点缀即可。

春笋烧黄鱼

难易度：★★★ ◎5分钟 ✚促进乳汁分泌

◎ **原料** 黄鱼400克，竹笋180克，姜末、蒜末、葱花各少许

◎ **调料** 鸡粉、胡椒粉各2克，豆瓣酱6克，料酒10毫升，食用油适量

◎ **做法**

1.竹笋切薄片，黄鱼切上花刀。2.锅中加清水烧开，放竹笋、料酒。3.油起锅，放黄鱼煎至两面断生，放姜末、蒜末、豆瓣酱。4.加清水、竹笋、料酒。5.焖约15分钟，加鸡粉、胡椒粉，煮至食材入味。

鲢鱼

清炖鲢鱼

难易度：★★★ ⏱12分钟 滋养肌肤

◎ **原料** 鲢鱼肉320克，姜片、葱段、葱花各适量

◎ **调料** 盐2克，料酒4毫升，食用油适量

◎ **做法**

1.处理干净的鲢鱼肉切成块状。2.将鱼块装入碗中，加入盐、料酒，搅拌片刻，腌渍约10分钟。3.锅置火上，倒入食用油烧热，放入鱼块，煎至两面断生。4.放入姜片、葱段，注入清水。5.盖上锅盖，烧开后用小火炖约10分钟，揭开锅盖，加入盐，搅匀调味。6.关火后盛出炖好的鱼块，装入盘中，撒上葱花。

TIPS

腌渍鱼肉时可多搅拌一会儿，这样能使鱼肉更易入味。

姜丝鲢鱼豆腐汤

难易度：★★★　⏱6分钟　🍲清热利湿

◎ **原料** 鲢鱼肉150克，豆腐100克，姜丝、葱花各少许

◎ **调料** 盐3克，鸡粉3克，胡椒粉、水淀粉、食用油各适量

◎ **做法**

1. 豆腐切方块，鲢鱼肉切片，装碗中，放盐、鸡粉、水淀粉、食用油腌渍入味。
2. 油起锅，放姜丝，锅中倒入清水，煮沸。3. 加盐、鸡粉、胡椒粉、豆腐块。
4. 煮2分钟至熟，放鱼肉片，搅匀，煮2分钟，盛出，装碗，撒上葱花即成。

红烧鲢鱼块

难易度：★★★　⏱2分钟　🍲促进乳汁分泌

◎ **原料** 鲢鱼肉450克，水发香菇50克，姜片、葱段各少许

◎ **调料** 盐、鸡粉各2克，料酒8毫升，老抽3毫升，生抽4毫升，白糖4克，蚝油、水淀粉、食用油各适量

◎ **做法**

1. 洗净的香菇切丝，洗好的鲢鱼切块，将鱼放碗中，加盐、料酒、水淀粉腌渍约15分钟。2. 热锅注油，放鱼块，炸至金黄色，捞出。3. 油起锅，放姜片、香菇、葱段、清水、老抽、生抽、盐、白糖、蚝油。4. 放鱼块、鸡粉、料酒、水淀粉炒匀盛出即可。

海米

海米拌菠菜

难易度：★★★ ⏱2分30秒 👤促进乳汁分泌

◎ **原料** 菠菜200克，海米20克，蒜末、葱花各少许

◎ **调料** 盐2克，鸡粉2克，生抽、食用油各适量

◎ **做法**

1. 洗净的菠菜去根部，切成段，装入盘中，待用。
2. 锅中注水烧开，放入食用油、菠菜，煮1分钟至熟，捞出，待用。3.用油起锅，放入虾米，炒香，盛出，装碗待用。4.将煮好的菠菜倒入碗中，放入蒜末、虾米。5.倒入生抽，加入盐、鸡粉，用筷子拌匀调味。

TIPS

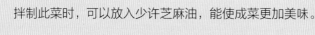

拌制此菜时，可以放入少许芝麻油，能使成菜更加美味。

上海青海米豆腐羹

难易度：★★☆ ⏱ 4分钟 🍼 促进乳汁分泌

◎ **原料** 上海青35克，海米15克，豆腐270克，葱花少许

◎ **调料** 盐少许，鸡粉2克，水淀粉、料酒、食用油各适量

◎ **做法**

1. 将洗净的豆腐切小方块，洗好的上海青切切碎，备用。 2. 锅中倒入食用油烧热，放入海米，炒香。 3. 淋入少许料酒，炒匀，注入适量清水，加入盐、鸡粉，倒入切好的豆腐，拌匀。 4. 盖上锅盖，用中火煮3分钟，至食材熟软，揭开锅盖，倒入上海青，煮至上海青变软。 5. 倒入适量水淀粉，搅拌至汤汁浓稠，关火后盛出豆腐羹，装入碗中即可。

上海青拌海米

难易度：★☆☆ ⏱ 3分钟 🍼 增强免疫力

◎ **原料** 上海青125克，熟海米35克，姜末、葱末各少许

◎ **调料** 盐2克，白糖2克，陈醋10毫升，鸡粉2克，芝麻油8毫升，食用油适量

◎ **做法**

1. 洗净的上海青切去根部，再切成两段。 2. 锅中注水烧开，放入上海青梗，淋入少许食用油，煮至断生；放入菜叶煮软，捞出待用。 3. 取一个碗，倒入上海青，撒上姜末、葱末，放入盐、白糖、陈醋、鸡粉、芝麻油、熟海米，搅拌均匀，装入盘中即可。

木瓜

桂圆红枣木瓜盅

难易度：★★☆ ⏱18分钟 🍼促进乳汁分泌

◎ **原料** 木瓜500克，莲子30克，桂圆肉25克，水发银耳40克，枸杞、红枣各少许

◎ **调料** 蜂蜜10克，小苏打少许

◎ **做法**

1.将洗净的木瓜切去尾部，制成木瓜盅。2.锅中注入清水烧开，放入小苏打、银耳、莲子，煮约1分钟捞出。3.另起锅，注入清水烧开，放入红枣、枸杞、桂圆肉、银耳、莲子拌匀。4.煮约5分钟，加入蜂蜜，略煮片刻。5.盛入锅中的材料，装入木瓜盅。6.蒸锅上火烧开，放入木瓜盅，蒸约10分钟至食材熟透。

TIPS

　　如果食材较多，制作木瓜盅时可切去一小半，使用较大的部分。

凉拌木瓜

难易度：★☆☆ 2分钟 健脾益胃

◎ **原料** 木瓜300克，柠檬汁250毫升，花生末20克，蒜末少许

◎ **调料** 盐2克，白糖3克

◎ **做法**

1.洗好去皮的木瓜切片，备用。2.锅中注入清水烧开，放入盐、木瓜，搅拌匀，煮1分钟，捞出，沥干水分。3.把木瓜装入碗中，倒入蒜末、盐、白糖、柠檬汁。4.搅拌片刻，使其入味，盛出，装入盘中，撒上花生末即可。

木瓜银耳炖鹌鹑蛋

难易度：★★☆ 2分钟 美容养颜

◎ **原料** 木瓜200克，水发银耳100克，鹌鹑蛋90克，红枣20克，枸杞10克，白糖40克

◎ **做法**

1.洗净去皮的木瓜切块，洗好的银耳切块。2.砂锅中注入清水烧开，放入红枣、木瓜、银耳。3.炖20分钟至食材熟软，加鹌鹑蛋、冰糖，煮5分钟，至冰糖溶化。4.加入洗净的枸杞，再略煮片刻，继续搅拌，使其更入味。

无花果

杏仁无花果瘦肉汤

难易度：★★☆ ⏱41分钟 润肠通便

◎ **原料** 猪瘦肉150克，杏仁20克，无花果20克，黄芪10克，党参10克，人参10克，姜片少许

◎ **调料** 料酒8毫升，盐2克，鸡粉2克

◎ **做法**

1.洗净的猪瘦肉切片，装入盘中。2.砂锅中注入清水烧开，倒入姜片、杏仁、无花果、黄芪、党参、人参，拌匀。3.放瘦肉片、料酒提味。4.煮40分钟至食材熟透。5.放入盐、鸡粉，拌匀调味。

TIPS

杏仁可以研磨后再煮汤，这样有利于析出营养成分。

无花果牛肉汤

难易度：★★☆　⏱42分钟　🔲理气补血

◎ **原料** 无花果20克，牛肉100克，姜片、枸杞、葱花各少许

◎ **调料** 盐2克，鸡粉2克

◎ **做法**

1.将洗净的牛肉切丁，装盘中。2.汤锅中注入清水烧开，倒入牛肉，煮沸，撇去浮沫。3.倒入洗好的无花果，放姜片。4.煮40分钟至食材熟透，放入盐、鸡粉，搅匀。5.盛出，装入碗中，撒上葱花。

TIPS
　　煮牛肉时可以加入少许陈皮，这样不仅能加速牛肉熟烂，口感也更好。

雪梨无花果鹧鸪汤

难易度：★★☆　⏱57分钟　🔲养心润肺

◎ **原料** 雪梨1个，鹧鸪200克，无花果20克，姜片少许

◎ **调料** 盐、鸡粉各2克，料酒4毫升

◎ **做法**

1.雪梨切块。2.处理干净的鹧鸪切块，锅中注入清水烧开，倒入鹧鸪块，汆煮片刻。3.砂锅中注入清水烧开，放入无花果、姜片、鹧鸪块、料酒。4.煮约40分钟，倒入雪梨块。5.续煮约15分钟至熟透，加入盐、鸡粉，拌匀。

红枣

红枣豆浆

难易度：★★☆ 🕐 16分钟 🔲 养血安神

◎ **原料** 红枣肉8克，水发黄豆50克

◎ **调料** 白糖适量

◎ **做法**

1.将已浸泡8小时的黄豆倒入碗中，注入清水，洗干净。2.把洗好的黄豆倒入滤网，沥干水分。3.将黄豆、红枣倒入豆浆机中，注入清水。4.盖上豆浆机机头，待豆浆机运转约15分钟，即成豆浆。5.把煮好的豆浆倒入滤网，滤取豆浆。6.将滤好的豆浆倒入杯中，加入白糖，拌匀至白糖溶化即可。

TIPS

水不要加太多，以免打浆时豆浆溢出。

山药红枣鸡汤

难易度：★★☆ ⏱44分钟 💊补中益气

◎**原料** 鸡肉400克，山药230克，红枣、枸杞、姜片各少许

◎**调料** 盐3克，鸡粉2克，料酒4毫升

◎**做法**

1.洗净去皮的山药切滚刀块，洗好的鸡肉切块。2.锅中注入清水烧开，倒入鸡肉块、料酒，煮约2分钟，撇去浮沫，捞出。3.砂锅中注入清水烧开，倒入鸡肉块、红枣、姜片、枸杞，淋入料酒。4.盖上砂锅盖，小火煮约40分钟至食材熟透，揭开盖，加入盐、鸡粉略煮片刻，至食材入味即可。

红枣莲藕炖排骨

难易度：★★☆ ⏱2分3钟 💊补中益气

◎**原料** 排骨段500克，莲藕80克，红枣、黑枣各25克，姜片20克

◎**调料** 盐3克，鸡粉、胡椒粉各少许，料酒12毫升

◎**做法**

1.将洗净去皮的莲藕切丁。2.锅中注入清水烧热，倒排骨段、料酒，煮约半分钟，捞出。3.砂锅中注入清水烧开，倒排骨段、姜片、莲藕丁、黑枣、红枣、料酒。4.煮约60分钟，至食材熟透，揭开砂锅盖，加入鸡粉、盐，撒上胡椒粉，拌匀调味，再转中火续煮片刻，至汤汁入味。

黑米

黑米核桃浆

难易度：★☆☆　　45分钟　　预防贫血

◉ **原料** 水发黑米100克，核桃仁70克

◉ **调料** 冰糖30克

◉ **做法**

1.取豆浆机，倒入洗净的黑米、核桃仁。2.放入冰糖，注入清水。3.选择"五谷"程序，再选择"开始"键，开始打浆。4.待豆浆机运转约45分钟，即成米浆。5.断电后取下机头，倒出米浆，装入碗中，待稍凉后即可饮用。

TIPS

核桃仁可以掰成小块后再打浆，这样能节省时间。

黑米红豆粥

难易度：★☆☆ ◷42分钟 ▦补益气血

◉原料 水发黑米120克，水发大米150克，水发红豆50克

◉做法

1.砂锅中注入清水烧开，倒入洗好的红豆、黑米。2.放入洗净的大米，搅拌均匀。3.煮约40分钟至食材熟透。4.搅拌片刻。5.盛出煮好的粥，装入碗中即可。

TIPS
可根据个人口味加入适量白糖或盐调味。

黑米杂粮小窝头

难易度：★★☆ ◷31分钟 ▦补益气血

◉原料 黑米粉100克，玉米粉90克，黄豆粉100克，酵母5克

◉调料 盐1克

◉做法

1.把黑米粉倒入碗中，加玉米粉、酵母、温水，揉搓成面团。2.取蒸盘，刷上食用油，取面团，制成小窝头生坯，置于蒸盘上。3.将蒸盘放水温为30℃的蒸锅中。4.发酵20分钟，蒸10分钟至生坯熟透。5.把蒸好的小窝头取出。

芝麻

芝麻饼

难易度：★★★ 18分钟 滋补肝肾

◎ 原料 熟芝麻100克，莲蓉150克，澄面100克，糯米粉500克，猪油150克，白糖175克

◎ 调料 食用油适量

◎ 做法

1.澄面装入碗中，注入开水把碗倒扣在案板上，静置20分钟，制成澄面团。2.将糯米粉放在案板上，加白糖、清水、糯米粉、清水。3.放澄面团、猪油。4.将面团搓成长条，切小剂子，莲蓉制成馅料，滚上熟芝麻。5.取蒸盘，刷上食用油，摆放生坯，蒸10分钟6.煎锅注油，放入芝麻饼，煎至熟透。

TIPS

芝麻饼的厚度要均匀，这样煎熟的成品口感才好。

Part 7

哺乳期营养餐

哺乳期即产后产妇用自己的乳汁喂养婴儿的时期，就是开始哺乳到停止哺乳的这段时间，一般长约10个月至1年左右。这一时期的饮食对乳母身体恢复和分泌乳汁非常重要。婴儿会继续生长发育，而其营养主要来源于乳母的乳汁。所以，这个时期新妈妈一定要注意饮食，多吃一些对身体有利的食物，避免吃一些对自己的身体健康及对婴儿的生长不利的食物。本章为您介绍一些适合哺乳期食用的食材和菜例，供您参考。

黄豆

黄豆红枣粥

难易度：★★☆　◎42分钟　益气补血

◎ **原料** 水发大米350克，水发黄豆150克，红枣20克，清水适量

◎ **调料** 白糖适量

◎ **做法**

1.砂锅注入适量清水。2.倒入泡好的大米，放入黄豆、红枣。3.盖上砂锅盖，用大火煮开后转小火续煮40分钟至食材熟软。4.揭开砂锅盖，加入白糖，拌匀至溶化。5.关火后盛出煮好的粥，装碗即可。

黄豆可事先浸泡一晚，煮制的时候更容易熟软。

TIPS

柠檬黄豆豆浆

难易度：★★☆ ◎16分钟 ⊞开胃消食

◎ **原料** 水发黄豆60克，柠檬30克

◎ **做法**

1.将已浸泡8小时的黄豆洗净，倒入滤网，沥干水分。2.将柠檬、黄豆放入豆浆机中，注入适量清水。3.选择"五谷"程序，待豆浆机运转约15分钟，即成豆浆。4.把煮好的豆浆倒入滤网，滤取豆浆。5.将豆浆倒入碗中，放凉后即可饮用。

TIPS

柠檬可以去皮后再打豆浆，这样煮出的豆浆更纯滑。

茄汁黄豆

难易度：★★☆ ◎1分钟 ⊞提高免疫力

◎ **原料** 水发黄豆150克，西红柿95克，香菜12克，蒜末少许

◎ **调料** 盐3克，生抽3毫升，番茄酱12克，白糖4克，食用油适量

◎ **做法**

1.西红柿切丁；香菜切末。2.锅中注水，放黄豆、盐，煮1分钟，捞出。3.油起锅，放蒜末、西红柿、黄豆。4.加清水、盐、生抽、番茄酱、白糖，盛出，装盘中，撒上香菜即可。

花菜

茄汁烧菜花

难易度：★★☆　◎ 2分30秒　利尿通便

◎ **原料** 菜花250克，圣女果25克，蒜末、葱花各少许

◎ **调料** 盐3克，白糖6克，番茄酱20克，水淀粉、食用油各适量

◎ **做法**

1.菜花切朵，圣女果切块。2.锅中注入清水，放盐、食用油、菜花，煮至断生，捞出。3.油起锅，放蒜末、清水、白糖、盐、番茄酱。4.放水淀粉、菜花。5.盛出炒好的菜花，放圣女果、葱花即成。

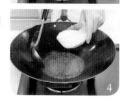

TIPS

菜花翻炒匀后可以用小火焖煮片刻，以使食材更入味。

菜花炒鸡片

难易度：★★☆ ⏱2分钟 ⊞补益气血

◎ **原料** 菜花200克，鸡胸肉180克，彩椒40克，姜片、蒜末、葱段各少许

◎ **调料** 盐4克，鸡粉3克，料酒、蚝油、水淀粉、食用油各适量

◎ **做法**

1.菜花、彩椒切块。2.鸡胸肉切片放碗中，加盐、鸡粉、水淀粉、食用油腌渍入味。3.锅中注水烧开，加食用油、盐、菜花、红椒，煮至断生，捞出。4.热锅注油，放鸡肉片，捞出。5.用油起锅，放入姜片、蒜末、葱段、菜花、红椒、鸡肉片、料酒炒香，加入盐、鸡粉、蚝油、水淀粉，快速炒匀后盛出即可。

彩椒木耳烧菜花

难易度：★★☆ ⏱1分钟 ⊞提高免疫力

◎ **原料** 菜花130克，彩椒70克，水发木耳40克，姜片、葱段各少许

◎ **调料** 盐、鸡粉各3克，蚝油5克，料酒4毫升，水淀粉、食用油各适量

◎ **做法**

1.木耳切块，菜花切朵，彩椒切块。2.锅中注入清水，放盐、鸡粉、木耳块、菜花、彩椒，煮至断生捞出。3.油起锅，放姜片、葱段、食材。4.放料酒、鸡粉、盐、蚝油，5.放水淀粉，盛出炒好的食材，装入盘中即成。

黄花菜

竹荪黄花菜炖瘦肉

难易度：★★☆ | ⏱22分钟 | 益气滋补

◎ **原料** 猪瘦肉130克，水发黄花菜120克，水发竹荪90克，姜片、花椒各少许

◎ **调料** 盐、鸡粉各2克，料酒4毫升

◎ **做法**

1.将洗净的竹荪切成段。2.洗好的黄花菜切去根部。

3.洗净的瘦肉切小块。4.砂锅中注入清水烧开，放花椒、姜片、瘦肉块、黄花菜、竹荪、料酒，去除腥味。5.盖上砂锅盖，煮沸后用小火炖煮约20分钟，至食材熟透。6.揭开砂锅盖，加入少许盐、鸡粉，拌匀

TIPS

竹荪可切得长一些，以免将其煮老了影响汤汁的口感。

西芹黄花菜炒肉丝

难易度：★★☆ 1分钟 润肠通便

◎ **原料** 西芹80克，水发黄花菜80克，彩椒60克，瘦肉200克，蒜末、葱段各少许

◎ **调料** 盐3克，鸡粉3克，生抽5毫升，水淀粉5毫升，食用油适量

◎ **做法**

1.黄花菜切去花蒂，彩椒切丝，瘦肉切丝，西芹切丝。2.将肉丝装入碗中，放盐、鸡粉、水淀粉、食用油腌渍入味。3.锅中倒入清水烧开，放黄花菜，煮半分钟。4.锅中注入食用油，放蒜末、肉丝、西芹、黄花菜、彩椒、盐、鸡粉、生抽，翻炒片刻，放入葱段，炒至断生。

黄花菜健脑汤

难易度：★★☆ 2分钟 养心安神

◎ **原料** 水发黄花菜80克，鲜香菇40克，金针菇90克，瘦肉100克，葱花少许

◎ **调料** 盐3克，鸡粉3克，水淀粉、食用油各适量

◎ **做法**

1.鲜香菇切片，黄花菜切花蒂，金针菇切去老茎。2.瘦肉切片，装碟中，放盐、鸡粉、水淀粉、食用油腌渍入味。3.锅中加清水、食用油、香菇、黄花菜、金针菇。4.加盐、鸡粉，煮至沸，倒入腌渍好的瘦肉，大火煮约1分钟至熟，盛出，装入碗中，撒上葱花即成。

丝瓜

肉末蒸丝瓜

难易度：★★☆　⏱ 2分30秒　💧 利尿通淋

◎ **原料** 肉末80克，丝瓜150克，葱花少许

◎ **调料** 盐、鸡粉、老抽各少许，生抽、料酒各2毫升，水淀粉、食用油各适量

◎ **做法**

1.将洗净去皮的丝瓜切成棋子状的小段。2.用油起锅，倒入肉末，炒至肉质变色，淋入料酒。3.放生抽、老抽、鸡粉、盐、水淀粉，炒匀，制成酱料，盛出。4.取蒸盘，放好丝瓜段、酱料。5.蒸锅烧开，放蒸盘，蒸约5分钟熟透，加葱花、热油即可。

TIPS

丝瓜摆好后用牙签刺几个孔，蒸的时候会更容易入味。

蚝油丝瓜

难易度：★★☆　◎2分钟　⊞清热除烦

◉ **原料** 丝瓜200克，彩椒50克，姜片、蒜末、葱段各少许

◉ **调料** 盐2克，鸡粉2克，蚝油6克，水淀粉、食用油各适量

◉ **做法**

1.将洗净去皮的丝瓜切小块，洗好的彩切块。2.热锅注油，放姜片、蒜末、葱段、彩椒、丝瓜。3.注入清水，炒至食材熟软。4.加盐、鸡粉、蚝油。5.放水淀粉，炒至熟透。

TIPS
丝瓜清甜脆嫩，炒制时蚝油不要加太多，以免影响成品口感。

猪肝熘丝瓜

难易度：★★☆　◎2分钟　⊞补血益气

◉ **原料** 丝瓜100克，猪肝150克，红椒25克，姜片、蒜末、葱段各少许

◉ **调料** 盐3克，鸡粉2克，生抽3毫升，料酒6毫升，水淀粉、食用油各适量

◉ **做法**

1.丝瓜切块，红椒切片。2.猪肝切薄片装碗，加盐、鸡粉、料酒、水淀粉腌渍。3.锅中注水烧开，放猪肝片汆水，捞出。4.油起锅，放姜片、蒜末，放猪肝片、丝瓜、红椒、料酒、生抽、盐、鸡粉、水淀粉炒匀，撒上葱段，炒匀即可。

莲藕

西芹藕丁炒姬松茸

难易度：★★☆　□2分钟　▣清热解毒

◎ **原料** 莲藕120克，鲜百合30克，水发姬松茸50克，西芹100克，彩椒20克，姜片、蒜末、葱段个少许

◎ **调料** 盐4克，鸡粉2克，生抽3毫升，料酒4毫升，水淀粉4毫升，食用油适量

◎ **做法**

1.西芹切小段，彩椒切块。2.姬松茸切段，莲藕切丁。3.锅中注入清水，加食用油、盐、藕丁、姬松茸，西芹、百合，煮至断生。4.油起锅，放姜片、蒜末、葱段、食材，5.淋入料酒炒匀，加鸡粉、盐，淋入生抽调味。6.倒入适量水淀粉，炒匀即可。

TIPS

泡制姬松茸时，要将其完全泡发开，这样有利于营养的析出。

腰豆莲藕猪骨汤

难易度：★★☆ 🕐31分钟 💊美容养颜

◎ **原料** 猪脊骨600克，莲藕100克，姜片20克，无花果30克，红腰豆80克

◎ **调料** 料酒8毫升，盐2克，鸡粉2克

◎ **做法**

1.洗净去皮的莲藕切丁，锅中注入清水烧开，倒入猪骨块、料酒，煮至沸，捞出待用。2.砂锅中注入清水烧开，放入猪骨、姜片、无花果、莲藕，淋入料酒，搅拌匀。3.盖上砂锅盖，烧开后用小火煮20分钟，至其熟软，揭开砂锅盖，放入洗净的红腰豆，搅拌均匀。4.盖上砂锅盖，用小火煮10分钟，至红腰豆软烂，揭开砂锅盖，放入适量盐、鸡粉，拌匀调味。

茄汁莲藕炒鸡丁

难易度：★★☆ 🕐1分钟 💊益气养血

◎ **原料** 西红柿100克，莲藕130克，鸡胸肉200克，蒜末、葱段各少许

◎ **调料** 盐3克，鸡粉少许，水淀粉4毫升，白醋8毫升，番茄酱10克，白糖10克，料酒、食用油各适量

◎ **做法**

1.莲藕切丁，西红柿切块，鸡胸肉切丁。2.将鸡肉丁装碗，加盐、鸡粉、水淀粉、食用油腌渍入味。3.锅中注入清水，加盐、白醋、藕丁，煮1分钟。4.油起锅，放蒜末、葱段、鸡肉丁、料酒、西红柿、莲藕、番茄酱、盐、白糖，炒匀。

木瓜

番荔枝木瓜汁

难易度：★★☆ ⏱2分 淡化色斑

◎ **原料** 番荔枝80克，木瓜90克

◎ **做法**

1.洗净的木瓜去皮，对半切开，改切成薄片。2.洗好的番荔枝去皮，切条，改切成小块，备用。3.取榨汁机，选择搅拌刀座组合，倒入切好的番荔枝、木瓜，注入少许纯净水。4.选择"榨汁"功能，榨取果汁。5.断电后，倒出榨好的果汁，撇去浮沫后即可饮用。

TIPS

可以用滤网过滤出果肉残渣，这样口感更佳。

木瓜莲藕栗子甜汤

难易度：★★☆ 31分钟 补血益气

◎ 原料 木瓜150克，莲藕100克，板栗100克，葡萄干20克

◎ 调料 冰糖40克

◎ 做法

1.洗净去皮的莲藕切丁，去皮洗好的板栗切块，洗净去皮的木瓜切丁。2.砂锅中注入清水烧开，倒入切好的板栗、莲藕、葡萄干。3.煮20分钟，至食材熟软，揭开砂锅盖，放入备好的木瓜，搅拌匀，再倒入冰糖，搅拌均匀。4.盖上砂锅盖，用小火续煮10分钟，至全部食材熟透，揭开砂锅盖，用勺搅拌均匀。5.关火后将煮好的甜汤盛出，装入碗中即可。

木瓜杂粮粥

难易度：★★☆ 35分钟 利尿通淋

◎ 原料 木瓜110克，水发大米80克，水发绿豆、水发糙米、水发红豆、水发绿豆、水发薏米、水发莲子、水发花生米各70克，玉米碎60克，玉竹20克

◎ 做法

1.将洗净去皮的木瓜切小块。2.砂锅中注入清水，放大米、杂粮、玉竹。3.煮约30分钟，至食材熟软。4.倒入木瓜丁，煮约3分钟，至食材熟透。5.盛出煮好的杂粮粥，装入汤碗中即成。

鲫鱼

菠萝蜜鲫鱼汤

难易度：★★★　⏱13分30秒　🏋健身催乳

◎ **原料** 净鲫鱼400克，菠萝蜜果肉100克，菠萝蜜果核90克，瘦肉85克，姜片、葱花各少许

◎ **调料** 盐3克，鸡粉2克，料酒6毫升，食用油适量

◎ **做法**

1.将洗净的猪瘦肉切丁。2.洗净的菠萝蜜果肉切小块。3.油起锅，放姜片、鲫鱼，煎约1分钟，至两面呈焦黄色。4.放料酒、开水、瘦肉、菠萝蜜果核、果肉、盐、鸡粉。5.煮约10分钟，至食材熟软。6.盛出煲煮好的鲫鱼汤，装入汤碗中，撒上葱花即成。

TIPS

注入的开水以没过食材为佳，这样能保持鲫鱼的鲜味。

醋焖鲫鱼

难易度：★★★ | 3分钟 | 促进乳汁分泌

◎ **原料** 净鲫鱼350克，花椒、姜片、蒜末、葱段各少许

◎ **调料** 盐3克，鸡粉少许，白糖3克，老抽2毫升，生抽5毫升，陈醋10毫升，生粉、水淀粉、食用油各适量

◎ **做法**

1. 将鲫鱼装盘中，加盐、生抽、生粉。
2. 热锅注油，放鲫鱼，炸至呈金黄色。
3. 锅底留油烧热，放花椒、姜片、蒜末、葱段、清水、生抽、白糖、盐、鸡粉、陈醋，煮约半分钟，放鲫鱼、老抽，煮约1分钟。4. 盛出，装盘中，用水淀粉勾芡，调成味汁，浇在鱼身上即成。

蛤蜊鲫鱼汤

难易度：★★★ | 6分钟 | 促进乳汁分泌

◎ **原料** 蛤蜊130克，鲫鱼400克，枸杞、姜片、葱花各少许

◎ **调料** 盐2克，鸡粉2克，料酒8毫升，胡椒粉少许，食用油适量

◎ **做法**

1. 鲫鱼两面切上一字花刀，蛤蜊打开。
2. 油起锅，放鲫鱼，煎至焦黄色，放料酒、开水、姜片，撇去浮沫。3. 放蛤蜊，煮至熟透，放盐、鸡粉、胡椒粉。4. 放入洗净的枸杞，略煮一会儿，将煮好的汤料盛出，装入汤碗中，撒上葱花即可。

三文鱼

茄汁香煎三文鱼

难易度：★★★ ⏱3分30秒 🍴促进营养吸收

◎ **原料** 三文鱼160克，洋葱45克，彩椒15克，芦笋20克，鸡蛋清20克

◎ **调料** 番茄酱15克，盐2克，黑胡椒粉2克，生粉适量

◎ **做法**

1.彩椒、洋葱切粒，芦笋切丁。2.三文鱼装碗中，加盐、黑胡椒、蛋清、生粉腌渍约15分钟。3.用煎锅，加食用油、三文鱼，煎至熟透。4.锅底留油，加洋葱、芦笋、彩椒、番茄酱。5.加清水、盐，拌匀，盛出，浇在鱼块上即可。

腌渍三文鱼时，生粉不要裹太多，以免影响口感。

三文鱼泥

难易度：★☆☆ 🕐2分钟 💪增强免疫力

◎ 原料 三文鱼肉120克

◎ 原料 盐少许

◎ 做法

1.蒸锅上火烧开，放入处理好的三文鱼肉。2.盖上锅盖，用中火蒸约15分钟至熟，揭开锅盖，取出三文鱼，放凉待用。3.取一个干净的大碗，放入三文鱼肉，压成泥状。4.加入少许盐，搅拌均匀至其入味。5.另取一个干净的小碗，盛入拌好的三文鱼即可。

TIPS

三文鱼不宜蒸太久，以免破坏其营养价值。

三文鱼炒饭

难易度：★★☆ 🕐5分钟 💪开胃消食

◎ 原料 冷米饭140克，鸡蛋2个，三文鱼80克，胡萝卜50克，豌豆30克，葱花少许

◎ 调料 盐2克，鸡粉2克，橄榄油适量

◎ 做法

1.胡萝卜、三文鱼切丁。2.锅中注入清水，加胡萝卜、豌豆，煮至断生。3.鸡蛋打碗中，制成蛋液。4.锅置火上，加橄榄油、蛋液、三文鱼，炒至变色。5.倒入米饭，快速翻炒至松散，放入焯好水的食材，翻炒均匀，加入盐、鸡粉，撒上葱花，翻炒出葱香味即可。

金枪鱼

① ② ③ ④ ⑤ ⑥

金枪鱼土豆饼

难易度：★★★　⏱3分钟　🏃减脂瘦身

◎ **原料** 土豆95克，鸡蛋2个，熟金枪鱼肉80克，面粉70克

◎ **调料** 盐、鸡粉各3克，食用油适量

◎ **做法**

1.洗净去皮的土豆切块。2.蒸锅上火烧开，放土豆，蒸约15分钟至熟，取出。3.放保鲜袋中，压成泥状。4.鸡蛋打碗中，制成蛋液。5.取土豆泥，加面粉、蛋液、金枪鱼肉、盐、鸡粉。6.煎锅置于火上，加食用油、小饼生坯，放入煎锅，煎至两面熟透呈金黄色。

TIPS

煎土豆饼时宜用小火慢煎，可以使其外焦内酥，口感更佳。

金枪鱼蔬菜小米粥

难易度：★★☆ ◎31分钟 ⊞补益气血

◎ **原料** 罐装金枪鱼肉60克，水发大米100克，水发小米80克，胡萝卜丁55克，玉米粒40克，豌豆60克

◎ **调料** 盐2克

◎ **做法**

1.砂锅中注入适量清水烧热，倒入备好的小米、大米、玉米粒、豌豆、胡萝卜、金枪鱼，拌匀。2.盖上砂锅盖，烧开后用小火煮约30分钟至食材熟透。3.揭开砂锅盖，加入适量盐，搅拌匀，至食材入味。4.关火后盛出煮好的粥即可。

金枪鱼三明治

难易度：★★☆ ◎3分钟 ⊞增强免疫力

◎ **原料** 面包100克，罐装金枪鱼肉50克，生菜叶20克，西红柿90克，熟鸡蛋1个

◎ **做法**

1.将面包边缘修整齐，洗好的西红柿切片，熟鸡蛋切片。2.将金枪鱼肉撕成细丝，备用。3.取面包片，放上西红柿、金枪鱼肉。4放上鸡蛋，盖上洗好的生菜叶，再盖上一片面包，依此顺序处理完剩余的食材，切成三角块即可。

黄鱼

黄鱼蛤蜊汤

难易度：★★☆ | 17分钟 | 减肥瘦身

◎ **原料** 黄鱼400克，熟蛤蜊300克，西红柿100克，姜片少许

◎ **调料** 盐、鸡粉各2克，食用油适量

◎ **做法**

1. 洗好的西红柿去除果皮。2. 黄鱼切上花刀，熟蛤蜊取出肉块。3. 油起锅，加黄鱼，煎出香味。4. 加姜片、温开水、蛤蜊肉、西红柿。5. 煮约15分钟至食材熟透，揭开锅盖，加入盐、鸡粉，搅拌匀，煮至食材入味盛出即可。

TIPS 黄鱼可先腌渍一会儿，这样更容易入味。

茄汁黄鱼

难易度：★★☆ ◷ 4分钟 ⊞ 促进乳汁分泌

◎ **原料** 黄鱼350克，彩椒45克，圆椒10克，姜末、葱花各少许

◎ **调料** 盐3克，料酒8毫升，白糖2克，生粉、番茄酱、食用油各适量

◎ **做法**

1.洗净的彩椒、圆椒切粒。2.处理干净的黄鱼切上花刀，装入盘中，撒上盐、料酒，将两面涂抹均匀，腌渍入味至其入味，备用。 3.热锅注油，烧至六成热，将黄鱼裹上适量生粉，放入油锅中，小火炸至金黄色，捞出待用。4.锅底留油，放入姜末、彩椒、圆椒、番茄酱，炒匀。5.加清水、盐、白糖，搅匀调味，倒入水淀粉，搅匀，调成味汁，盛出味汁，浇在鱼身上，撒上葱花即可。

醋椒黄鱼

难易度：★★★ ◷ 4分钟 ⊞ 开胃消食

◎ **原料** 净黄鱼350克，香菜12克，姜丝、蒜末各少许

◎ **调料** 盐3克，鸡粉少许，白糖6克，生抽5毫升，料酒7毫升，陈醋10毫升，食用油、水淀粉各适量

1.香菜切段，黄鱼打花刀装盘，加盐腌渍。2.黄鱼过油锅略炸。3.锅底留油，加姜丝、蒜末、料酒、水、陈醋、盐、白糖、鸡粉、生抽略煮，放入黄鱼小火煮至入味盛出。4.锅中留汤汁，加水淀粉调成稠汁，浇在鱼身上，撒上香菜段即成。

海藻

海藻鸡蛋饼

难易度：★★☆ ⏱3分30秒 🈺利尿通淋

◉ **原料** 海藻90克，面粉80克，洋葱70克，鸡蛋1个

◉ **调料** 盐2克，鸡粉2克，芝麻油2毫升，食用油适量

◉ **做法**

1.洋葱切粒，海藻切碎。2.锅中加清水、海藻，煮半分钟。3.将煮好的食材装碗中，放洋葱粒、鸡蛋。4.放入少许鸡粉、盐，拌匀，搅成蛋糊，淋入适量芝麻油、面粉、清水，搅匀成面糊。5.煎锅注油烧热，倒入蛋糊，摊成饼，煎至成形，翻面，煎至焦黄色。6.将煎好的蛋饼取出，切成块。

TIPS

煎制蛋饼时要不时晃动煎锅，以使蛋饼均匀受热。

凉拌海藻

难易度：★★☆　3分　利尿通淋

◎ **原料**　水发海藻180克，彩椒60克，熟白芝麻6克，蒜末、葱花各少许

◎ **调料**　盐3克，鸡粉2克，陈醋8毫升，白醋10毫升，生抽、芝麻油各少许

◎ **做法**

1.将洗净的彩椒切粗丝，备用。2.锅中注入清水烧开，放入盐、白醋、海藻，大火煮沸，再放入彩椒丝，拌煮至食材断生后捞出，待用。3.把焯煮好的食材装入碗中，撒上蒜末、葱花，加入少许盐、鸡粉。4.注入陈醋，滴上芝麻油、生抽，搅拌约1分钟，至食材入味，盛入盘中，撒上熟白芝麻，摆好盘即成。

莲藕海藻红豆汤

难易度：★★☆　41分钟　清热解毒

◎ **原料**　莲藕150克，海藻80克，水发红豆100克，红枣20克

◎ **调料**　盐2克，鸡粉2克，胡椒粉少许

◎ **做法**

1.洗净去皮的莲藕切块，改切成丁，备用。2.砂锅中注入清水烧开，放入洗净的红枣、红豆、莲藕、海藻，搅拌匀。3.盖上砂锅盖，烧开后用小火煮40分钟，至食材熟透。4.揭开砂锅盖，放入少许盐、鸡粉、胡椒粉，用勺拌匀调味。

花
生

花生红米粥

难易度：★★☆ ◎62分钟 增强免疫力

◎ **原料** 水发花生米100克，水发红米200克，葱花少许

◎ **调料** 冰糖20克

◎ **做法**

1.砂锅中注入清水烧开。2.放入洗净的红米、花生米。3.煮约60分钟，至米粒熟透，揭开砂锅盖，放入备好的冰糖，搅拌匀。4.转中火续煮片刻，至冰糖完全溶化。5.盛出煮好的粥，装入碗中即可。

TIPS

此粥的药用较强，放入的冰糖不宜太多，以免降低其补益价值。